高职高专“十一五”规划教材

建筑材料辅导与练习册

JIANZHU CAILIAO FUDAO YU LIANXICE

游普元　编

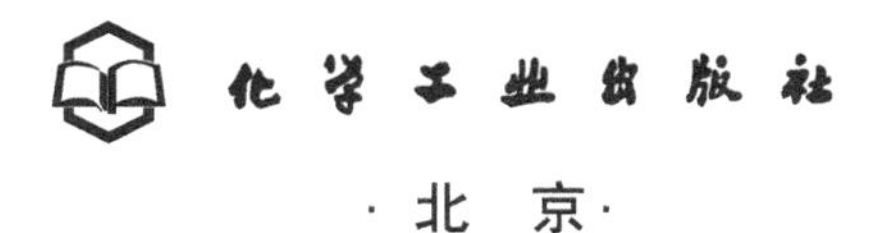

·北　京·

本书是根据高职高专职业教育的要求和土木工程各专业（包括建筑工程技术、工程造价、工程项目管理、道路桥梁工程技术等）的培养目标及教学改革要求，在高职高专通用教材《建筑材料》的基础上，结合最新的建筑材料标准编制而成。

本书共分10章，主要内容包括：建筑材料的基本性质，气硬性无机胶凝材料，水泥，普通混凝土，建筑砂浆，墙体材料，建筑钢材，木材，建筑功能材料，建筑装饰材料等。其中每章学习指导又分为学习要求、技能要求、经典例题、习题练习。在本书的最后，附有模拟试题和参考答案。

本书可作为高职高专建筑工程技术、工程造价、工程项目管理、道路桥梁工程技术等相关专业建筑材料课程的配套教材，也可供其他类型学校，如职工大学、函授大学、电视大学等相关专业选用，用以检验学生对建筑材料有关教材内容的掌握和运用能力。

图书在版编目（CIP）数据

建筑材料辅导与练习册/游普元编．—北京：化学工业出版社，2008.4（2025.2重印）
高职高专“十一五”规划教材
ISBN 978-7-122-02503-6

Ⅰ.建…　Ⅱ.游…　Ⅲ.建筑材料-高等学校：技术学院-习题　Ⅳ.TU5-44

中国版本图书馆CIP数据核字（2008）第043826号

责任编辑：卓　丽　王文峡　　　装帧设计：尹琳琳
责任校对：陶燕华

出版发行：化学工业出版社(北京市东城区青年湖南街13号　邮政编码100011)
印　　装：北京虎彩文化传播有限公司
787mm×1092mm　1/16　印张6½　字数146千字　　2025年2月北京第1版第11次印刷

购书咨询：010-64518888　　售后服务：010-64518899
网　　址：http://www.cip.com.cn
凡购买本书，如有缺损质量问题，本社销售中心负责调换。

定　　价：24.00元

前　言

目前，土木工程各专业所用有关建筑材料的教材，基本上是在每一章节后面附上几道复习思考题，题型较少，基本上是问答题，既不利于学生自检对各知识点的掌握情况，也不利于教师布置和检查作业。为使教师有针对性地加以教学和辅导，使学生能根据建筑施工现场对各种建筑材料的性能、规格要求，对各种建筑材料进行选择和检测。在目前通用教材《建筑材料》的基础上编写了本练习册。

本练习册根据高职高专职业教育的要求、土木工程各专业的培养目标及教学改革要求、以及最新的建筑材料标准编写而成。

经典例题有利于学生把所学知识融会贯通、举一反三，增强学生对各种建筑材料在施工现场应用的理解和掌握；习题练习是学生学习建筑材料理论课程中，与实训相结合的过程，这个实训过程的好坏将在很大程度上影响学生的学习效果，是学生学好本课程的重要环节。本练习册在编写过程中注重材料选用及检验、注重与建筑工程各分项工程所选用材料相结合，采用名词解释题、填空题、判断题、单项选择题、多项选择题、简答题、计算题等方式，便于学生灵活运用所学的基础理论知识，通过解题培养学生分析问题、解决问题的能力。本练习册可供不同专业选用。

本练习册由重庆工程职业技术学院建筑工程与艺术设计系游普元编写，张冬秀老师审定。

本练习册在编写过程中考虑其通用性，其目录编排可能与各院校所选《建筑材料》教材的顺序不一致，敬请谅解。并对为本练习册付出辛勤劳动的编辑同志表示深深的谢意！

另外，为便于教师批阅作业，可提供所有题目的参考答案（电子版），如有需要，请与化学工业出版社职教分社建筑编辑部联系（详细地址：北京市东城区青年湖南街 13 号　邮编：100011），或发邮件至 ypy65210560@126.com 索取。

由于编者水平有限，不妥之处在所难免，真心希望读者批评指正。

编 者

2008 年 3 月

目　录

第一章　建筑材料的基本性质

一、学习要求

知识要点	能力目标	相关知识	权重	自测分数
材料的基本物理性质	掌握材料的基本物理性质及相关概念	密度、表观密度、堆积密度、密实度、孔隙率、填充率、空隙率、亲水性、憎水性、吸水性、吸湿性、耐久性、耐水性、抗渗性、抗冻性、导热性	0.5	
材料的力学性质	掌握材料的力学性质及相关概念	材料强度、比强度、弹性、塑性、脆性、韧性、硬度、耐磨性	0.5	

【提示】① 材料的材质不同，其性质必有差异；

② 注意材料性质对性能的影响；

③ 注意材料性能对建筑结构质量的影响。

二、技能要求

1. 根据材料的基本性质，判断材料性能；
2. 根据建筑物的功能、用途和环境，合理选择建筑材料的性质。

三、经典例题

【例题 1-1】　有一块烧结普通砖，在吸水饱和状态下重 2900g，其烘干质量为 2550g。砖的尺寸为 240mm×115mm×53mm，经干燥并磨成细粉后取 50g，用排水法测得绝对密实体积为 18.62cm³。试计算该砖的吸水率、密度、表观密度、孔隙率。

解：

该砖的吸水率为　$W_m=\frac{m_b-m_g}{m_g}\times100\%=\frac{2900-2550}{2550}\times100\%=13.7\%$

该砖的密度为　$\rho=\frac{m}{V}=\frac{50}{18.62}=2.69$ (g/cm³)

表观密度为　$\rho_0=\frac{m}{V_0}=\frac{2550}{24\times11.5\times5.3}=1.74$ (g/cm³)

孔隙率为　$P=\left(1-\frac{\rho_0}{\rho}\right)\times100\%=\left(1-\frac{1.74}{2.69}\right)\times100\%=35.3\%$

【评注】材料的基本物理性质将会直接影响建筑物施工方法的选择和施工质量，所以材料的基本性质为全书的重点之一。

【例题 1-2】　一台载重为 4t 的大卡车，一次能运多少块普通黏土砖（设一块砖重为 2.5kg）？如果运砂子，一次能运多少立方米（设砂子表观密度为 1500kg/m³）？如运松木，一次能运多少立方米（设松木表观密度为 500kg/m³）？

解：

一次能运普通黏土砖：$\frac{4\times1000}{2.5}=1600$（块）

一次能运砂：$\frac{4\times1000}{1500}=2.67$（$m^3$）

一次能运松木：$\frac{4\times1000}{500}=8$（$m^3$）

【评注】此题从计算的角度看，非常简单，但对于建筑施工现场而言，每天均有不同的材料，从不同的地方运来，作为施工技术及管理人员，应知晓如何调配运力。应用此法，还可解决诸如材料占地面积、土方车辆调配等问题。

【例题 1-3】 按计算，混凝土搅拌机每罐需加入干砂 200kg，如砂子含水率为 3%，那么需要多少公斤湿砂？

解：

$$砂的含水率=\frac{湿砂质量-干砂质量}{干砂质量}\times100\%$$

$$3\%=\frac{湿砂质量-200}{200}\times100\%$$

$$湿砂质量=3\%\times200+200=206\ (kg)$$

【评注】在施工现场中，由于砂、石等材料堆放于露天中，易受雨水浸蚀，材料的性质将有所改变，所以在施工过程中，需根据材料性质的变化，调整其用量。应用此法可以解决诸如砖砌筑前为什么要浇水湿润、下雨天施工时，拌和物所加水量要减少等问题。

四、习题练习

（一）名词解释题

1. 建筑材料：

2. 密度：

3. 表观密度：

4. 孔隙率：

5. 堆积密度：

6. 材料润湿边角：

7. 材料含水率：

8. 材料耐水性：

9. 材料抗渗性：

10. 弹性变形：

11. 塑性变形：

12. 脆性材料：

13. 徐变：

14. 冲击韧性：

15. 大气稳定性：

16. 抗化学腐蚀性：

17. 各向异性：

18. 重度：

（二）填空题

1. 建筑材料通常可分为__________材料、__________材料及__________材料三大类。

2. 同种材料的孔隙率越__________，则材料的强度越高，保温性越__________，吸水率越__________，抗渗性越__________，抗冻性越__________。当材料的孔隙率一定时，__________孔隙愈多，材料的绝热性愈好。

3. 称取堆积密度为1400kg/m^3的干砂200g，装入广口瓶中，再把瓶子注满水，这时称重为500g。已知空瓶加满水时的质量为377g，则该砂的表观密度为__________ g/cm^3，空隙率为__________%。

4. 材料吸水后，表观密度__________，导热性__________，强度__________，体积__________。

5. 当材料的体积密度与密度相同时，说明该材料__________。

6. 量取10L气干状态的卵石，称重为14.5kg；取500g烘干的该卵石，放入装有500mL水的量筒中，静置24h后，水面升高为685mL。则该卵石的堆积密度为__________，表观密度为__________，空隙率为__________。

7. 当润湿边角≤90℃，此种材料称为__________。

8. 材料的__________越大，导热系数越小；当材料的__________增大时，导热系数也随之增大。

9. 材料耐水性的强弱可以用__________表示。材料耐水性愈好，该值愈__________。

10. 同类材料，甲体积吸水率占孔隙率的40%，乙占92%，则受冻融作用时，显然__________易遭破坏。

11. 材料的密度是指材料在__________状态下单位体积的质量，常以__________单位表示；材料的表观密度是指材料在__________状态下单位体积的质量，常以__________单位表示。

12. 选择建筑物围护结构的材料时，应选用导热系数较__________、热容量较__________的材料，可保持室内温度的稳定。

13. 石材的抗压强度是划分石材强度等级的依据，采用边长为__________mm 的立方体试件用标准方法进行测试；饰面石材的抗压强度采用边长为__________mm 的立方体试件进行测试。

14. 大理石由__________岩和__________岩变质而成，其特点是__________不大。

15. 大理石不宜用于室外，是因为抗__________性能较差，而花岗岩__________性能较差。

16. 按地质形成条件的不同，天然岩石可分岩浆岩、沉积岩及变质岩三大类。花岗岩属于其中的__________岩，大理岩属于__________岩，石灰岩属于__________岩。

（三）判断题（正确的画“√”，错误的画“×”）

1. 材料的软化系数是表示材料抗渗性能的指标。（　　）
2. 软化系数越大的材料，其耐水性能越差。（　　）
3. 保温隔热材料一般导热性低，表观密度小。（　　）
4. 保温材料含水率越大，材料的保温性能越好。（　　）
5. F25 表示材料的最大冻融循环次数为 25 次。（　　）
6. 材料空隙率越大，吸水率越大。（　　）
7. 材料在空气中吸收水分的性质称为吸水性。（　　）
8. 散粒材料的空隙率大小由表观密度和堆积密度决定。（　　）
9. 保温隔热材料吸湿后不影响其导热性。（　　）
10. 徐变是指材料变形随时间延长而逐渐增大的现象。（　　）

（四）单项选择题

1. 两种材料相比，越密实的材料，强度不一定越高，这是因为它们的（　　）不同所致。

A. 孔隙率　　B. 孔结构　　C. 试件尺寸　　D. 加荷速度不同

2. 下列材料中保温隔热性能最好的是（　　）。

A. 重混凝土　　B. 钢材　　C. 石膏制品　　D. 普通混凝土

3. 材质相同的两种材料，已知表观密度 $\rho_{OA}>\rho_{OB}$，则 A 材料的保温效果比 B 材料（　　）。

A. 好　　B. 差　　C. 差不多　　D. 相同

4. 密度是指材料在（　　）下单位体积的质量。

A. 自然状态　　B. 绝对体积近似值

C. 绝对密实状态　　D. 松散状态

5. 材料的耐水性用（　　）表示。

A. 吸水率　　B. 抗渗系数　　C. 含水率　　D. 软化系数

6. 在100g含水率为3%的湿砂中，其干砂的质量为（　　）g。

A. 100/(1－3%)　　B. 100/(1＋3%)

C. 100×(1－3%)　　D. 100×(1＋3%)

7. 材料的吸水性强弱用（　　）表示。

A. 软化系数　　B. 含水率　　C. 吸水率　　D. 含水量

8. 当材料的润湿边角为（　　）时，称为憎水性材料。

A. ＞90°　　B. ＜90°　　C. ＝0　　D. ≥90°

9. 材料的致密程度用（　　）来反映。

A. 吸水率　　B. 空隙率　　C. 孔隙率　　D. 含水率

10. 散粒材料的疏松程度用（　　）来反映。

A. 空隙率　　B. 孔隙率　　C. 含水率　　D. 吸水率

11. 建筑工程中传递热量越多的材料其（　　）越大。

A. 热容量系数　　B. 导热系数　　C. 耐火度　　D. A＋C

12. 材料含水率越小，其导热性能就（　　）。

A. 越好　　B. 越差　　C. 一样　　D. A＋C

13. 保温隔热材料应是轻质的，且孔隙为（　　）的材料。

A. 连通细孔　　B. 连通粗孔

C. 连通微孔　　D. 封闭、不相连的孔隙

14. 含水率是表示材料（　　）的指标。

A. 耐水性　　B. 抗冻性　　C. 吸湿性　　D. 亲水性

15. 表观密度是指材料在（　　）状态下单位体积的质量。

A. 自然　　B. 风干　　C. 自然堆积　　D. 绝对密实

16. 材料受潮、受冻后，导热系数（　　）。

A. 减小　　B. 增大　　C. 不变　　D. 为零

17. 散粒材料的空隙率大小由（　　）和堆积密度决定的。

A. 密度　　B. 表观密度　　C. 孔隙率　　D. 紧密度

18. 如果材料的质量保持不变，当孔隙部分增多，则材料密度（　　）。

A. 增大　　B. 减小　　C. 不变　　D. A＋C

19. 材料的耐水性用（　　）表示。

A. 软化系数　　B. 渗透系数　　C. 抗冻标号　　D. 强度

20. 同一种颗粒材料的密度为ρ，表观密度为ρ_0，堆积密度为ρ_0'，则存在下列关系（　　）。

A. $\rho>\rho_0>\rho_0'$　　B. $\rho_0'>\rho>\rho_0$　　C. $\rho>\rho_0'>\rho_0$　　D. $\rho_0>\rho>\rho_0'$

21. 长期处于水中或潮湿环境的重要建筑物，所选建筑材料的软化系数应该（　　）。

A. 大于0.85　　B. 不宜小于0.7

C. 不宜小于0.9　　D. 不宜大于0.7

22. 用于吸声的材料，要求其具有（　　）孔隙的多孔结构材料，吸声效果最好。

A. 大孔　　B. 开放、互相联通

C. 封闭小孔　　D. 开口细孔

23.（　　）是评定脆性材料强度的鉴别指标。

A. 抗压强度　B. 抗拉强度　C. 抗剪强度　D. 抗弯强度

24. 材料吸水后，材料的（　　）将提高。

A. 耐久性　B. 表观密度和导热系数

C. 强度的导热系数　D. 密度

25. 材料在绝对密实状态下的体积为 V，开口孔隙体积为 V_k，闭口孔隙体积为 V_B，材料在干燥状态下的质量为 m，则材料的表观密度为 ρ_0（　　）。

A. m/V　B. $m/(V+V_k)$

C. $m/(V+V_k+V_B)$　D. $m/(V+V_B)$

26. 按照地质形成条件的不同，岩石可分为三大类，花岗岩属于其中的（　　）

A. 火山岩　B. 变质岩　C. 沉积岩　D. 岩浆岩

27. 材料在外力作用下，无显著塑性变形而突然破坏的性质，称为（　　）。

A. 塑性　B. 韧性　C. 脆性　D. 刚性

28. 衡量材料轻质高强性能的主要指标是（　　）。

A. 强度　B. 密度　C. 表观密度　D. 比强度

29. 材料的塑性变形是指外力取消后（　　）。

A. 能完全恢复的变形　B. 不能完全恢复的变形

C. 不能恢复的变形　D. 能恢复的变形

30. 材料的密度、表观密度一般存在（　　）关系。

A. 密度＞表观密度　B. 密度＜表观密度

C. 密度＝表观密度　D. 密度≥表观密度

31. 某材料吸水饱和后质量为20kg，烘干到恒重时的质量为16kg，则材料的（　　）。

A. 质量吸水率为25%　B. 体积吸水率为25%

C. 质量吸水率为20%　D. 体积吸水率为20%

32. 为达到保温隔热的目的，在选择建筑物围护结构材料时，应选用（　　）的材料。

A. 导热系数小，比热容也小　B. 导热系数大，比热容小

C. 导热系数小，比热容大　D. 导热系数大，比热容也大

（五）多项选择题

1. 材料吸水性主要取决于材料的（　　）。

A. 温度　B. 湿度　C. 孔隙率大小

D. 压力　E. 空隙率大小

2. 材料在自然状态下的体积是指（　　）体积。

A. 固体物质　B. 开口孔隙　C. 闭口孔隙

D. 空隙　E. 堆积体积

3. 材料的导热性与材料的组成、结构有关，同时还受（　　）影响。

A. 密度　B. 软化系数　C. 比热容

D. 含水量　E. 两面温差

4. 材料吸水后，性质将发生如下变化（　　）。

A. 强度降低　　B. 绝热性能下降　　C. 抗冻性下降

D. 体积膨胀　　E. 硬度降低

5. 材料的耐久性包含（　　）。

A. 抗渗性　　B. 抗冻性　　C. 抗风化性

D. 耐磨性　　E. 大气稳定性

6. 影响多孔性吸声材料的吸声效果因素主要有（　　）。

A. 密度　　B. 表观密度　　C. 材料厚度

D. 表面特征　　E. 材料弹性

7. 材料的吸湿性与（　　）有关。

A. 材料的成分　　B. 组织状态　　C. 温度

D. 湿度　　E. 质量

（六）简答题

1. 材料的孔隙率与空隙率有何区别？为什么？

答：

2. 为什么说密度、表观密度、堆积密度是材料的主要物理性质？

答：

3. 材料的孔隙率、孔隙状态、孔隙尺寸对材料的性质（如强度、保温、抗渗、抗冻、耐腐蚀、耐久性、吸水性等）有何影响？

答：

4. 影响材料强度测试结果的试验条件有哪些?
答:

5. 材料的强度与强度等级的关系如何?
答:

6. 解释抗冻等级 F15、抗渗等级 P10 的含义。
答:

7. 为什么新建房屋在冬季的保暖性能较差?
答:

8. 材料吸水后，对其性能有何影响？

答：

9. 如何区分材料的亲水性和憎水性？如何利用这一原理提高材料的防水性能？举例说明。

答：

10. 材料的弹性与塑性、脆性与韧性有什么不同？

答：

（七）计算题

1. 砂的表观密度为 2.62g/cm^3，空隙率为 40%，求砂的堆积密度。

解：

2. 收到含水率为 5%的砂子 500t，干砂实为多少吨？需要干砂 500t，应进含水率为 5%的砂子多少吨？

解：

3. 某批陶粒烘干质量为 1500kg，自然堆积体积为 $2m^3$。取其中 50g 磨细后，测得其体积为 $20cm^3$。已知其空隙率为 40%，求该批陶粒的密度、表观密度、堆积密度和孔隙率各为多少？

解：

4. 某工程每天浇筑 $50m^3$ 混凝土，每立方米混凝土用卵石 1260kg。卵石表观密度为 $2.68g/cm^3$，空隙率为 41%，载重量 4t 汽车运输的有效容积为 $2m^3$，问每天需运卵石多少车次？

解：

5. 一块烧结普通砖，其外形尺寸为 240mm × 115mm × 53mm，烘干后的质量为 2500g，吸水饱和后的质量为 2900g，将该砖磨细过筛，烘干后取 50g，用比重瓶测得其体积为 $18.5cm^3$。试求该砖的质量吸水率、密度、表观密度及孔隙率。

解：

6. 烧结普通砖的尺寸为 240mm×115mm×53mm，已知其孔隙率为 37%，质量为 2750g，干燥质量为 2487g，浸水饱和后质量为 2984g。试求该砖的堆积密度、密度、质量吸水率、开口孔隙率及闭口孔隙率。

解：

7. 某砖进行抗压试验，浸水饱和后的平均荷载为 172kN，绝对干燥状态的平均破坏荷载为 215kN，气干的平均破坏荷载为 185kN。若试件的受压面积相同，问此砖能否用在建筑物常与水接触部位？为什么？

解：

8. 有一个 1500cm^3 的容器，平装满碎石后，碎石重 2.55kg。为测其碎石的表观密度，将所有碎石倒入一个 7780cm^3 的量器中，向量器中加满水后称重为 9.36kg，试求碎石的表观密度。若在碎石的空隙中又填以砂子，而砂子的表观密度为 1700kg/m^3，问可填多少克砂子？

解：

9. 某建筑工地准备运进一批质量为 60t 的碎石，其堆积密度为 1500kg/m^3，若堆成一堆高为 1m 的石子堆，其四面边坡为 1∶1，问该施工现场需准备多大的场地面积（单位：m^2）？

第二章　气硬性无机胶凝材料

一、学习要求

知识要点	能力目标	相关知识	权重	自测分数
石灰	了解石灰的原料与生产，理解石灰水化、凝结硬化规律，掌握石灰的技术性质和用途	石灰的原料及烧制、石灰的熟化与硬化、石灰的质量标准与应用	0.5	
石膏	了解石膏的原料与生产，理解石膏水化、凝结硬化规律，掌握石膏的技术性质和用途	石膏的原料及生产、建筑石膏的凝结与硬化、建筑石膏的技术要求、建筑石膏的特性	0.3	
水玻璃	了解水玻璃的原料与生产，理解水玻璃水化、凝结硬化规律，掌握水玻璃的技术性质和用途	水玻璃的组成、硬化、性质及应用	0.2	

【提示】① 重点掌握以上胶凝材料的特性；

② 选用以上胶凝材料时应注意环境条件的影响，宜用在室内及不与水长期接触的工程部位；

③ 以上胶凝材料在储运过程中应注意防潮，储存期不宜过长。

二、技能要求

1. 根据胶凝材料的技术性质，分析出现问题的原因并提出解决措施；
2. 根据建筑物的功能、用途和环境，合理选择胶凝材料的性质。

三、经典例题

【例题 2-1】 某学生宿舍的内墙使用石灰砂浆抹面。数月后，墙面上出现了许多不规则的网状裂纹。同时在个别部位还发现了部分凸出的放射状裂纹。试分析上述现象产生的原因及解决办法。

答：石灰砂浆抹面的墙面上出现不规则的网状裂纹，引发的原因很多，但最主要的原因是石灰砂浆在硬化过程中，蒸发大量的游离水而引起体积收缩的结果。可采用保湿的办法解决。此种现象较多的出现于夏季施工中。

墙面上个别部位出现凸出的呈放射状的裂纹，是由于配制石灰砂浆时所用的石灰中混入了过火石灰。这部分过火石灰在消解、陈伏阶段中未完全熟化，以至于在砂浆硬化后，过火石灰吸收空气中的水蒸气继续熟化，造成体积膨胀。从而出现上述现象。保证石灰的陈伏时间，选用完全熟化的石灰膏可解决此问题。

【评注】透过现象看本质，过火石灰表面常被黏土杂质熔化形成的玻璃釉状物包覆，熟化很慢。如未经过充分的陈伏，当石灰已经硬化后，过火石灰才开始熟化，并产生体积膨胀，容易引起鼓包隆起和开裂。在建筑物施工过程中，经常会出现墙面脱落、产生裂纹、墙面泛霜等现象，运用以上分析方法可找到问题所在并提出解决办法。

【例题 2-2】 既然石灰不耐水，为什么由它配制的灰土或三合土却可以用于基础的垫层、道路的基层等潮湿部位？

解：石灰土或三合土是由消石灰粉和黏土等按比例配制而成的。加适量的水充分拌和后，经碾压或夯实，在潮湿环境中石灰与黏土表面的活性氧化硅或氧化铝反应，生成具有水硬性的水化硅酸钙或水化铝酸钙，所以灰土或三合土的强度和耐水性会随使用时间的延长而逐渐提高，适于在潮湿环境中使用。

再者，由于石灰的可塑性好，与黏土等拌和后经压实或夯实，使灰土或三合土的密实度大大提高，降低了孔隙率，使水的侵入大为减少。因此灰土或三合土可以用于基础的垫层、道路的基层等潮湿部位。

【评注】黏土表面存在少量的活性氧化硅和氧化铝，可与消石灰 $Ca(OH)_2$ 反应，生成水硬性物质。此题实际上运用的是材料的基本性质来分析该问题，由此可见，材料的基本性质是影响材料性能的根源。

四、习题练习

（一）名词解释题

1. 胶凝材料：

2. 气硬性胶凝材料：

3. 水硬性胶凝材料：

4. 水玻璃的硅酸盐模数：

（二）填空题

1. 石灰熟化时释放出大量__________；体积发生显著__________；纯石灰浆凝结硬化时体积产生明显__________。

2. 石灰膏在使用前，一般要陈伏两周以上，主要目的是__________。

3. 石膏硬化时体积__________，硬化后孔隙率__________。

4. 半水石膏的结晶体有两种，其中__________型为普通建筑石膏；__________型为高强建筑石膏。

5. 建筑石膏的原材料化学成分为__________；水化产物化学成分为__________。

6. 水玻璃在硬化后，具有耐__________、耐__________等性质。

7. 水玻璃的模数 n 越大，其溶于水的程度越__________，黏结力越__________。

8. 水玻璃硬化后有很好的耐酸性能，这是因为硬化后的水玻璃主要化学组成是__________。

（三）判断题（正确的画“√”，错误的画“×”）

1. 材料按化学成分分为气硬性胶凝材料和水硬性胶凝材料。（　　）
2. 生石灰中粉灰数量越高，则质量越好。（　　）
3. 过火石灰熟化十分缓慢，因此石灰膏必须“陈伏”后才能使用。（　　）
4. 石灰硬化后体积收缩大，故不宜单独使用。（　　）
5. 石灰浆在空气中将逐渐硬化，所以其硬化过程是一个化学变化过程。（　　）
6. 二水石膏称为生石膏，半水石膏称为熟石膏。（　　）
7. 建筑石膏在凝结硬化时具有微膨胀性，因而制品轮廓清晰，花纹美观。（　　）
8. 建筑石膏制品的防火性能好，但不宜长期在65℃以上部位应用。（　　）
9. 消石灰粉可用于拌制砂浆及灰浆。（　　）
10. 生石灰熟化时容易酿成火灾，因此在生石灰周围不要堆放易燃物。（　　）

（四）单项选择题

1. 熟化后的石灰膏，（　　）长期暴露在空气中。

A. 不宜　　B. 宜　　C. 也可以　　D. B+C

2. 石灰膏必须在化灰池中“陈伏”一段时间才能使用，以免造成（　　）的伤害。

A. 正火石灰　　B. 过火石灰　　C. 欠火石灰　　D. B+C

3. 石灰熟化过程中的“陈伏”是为了（　　）。

A. 有利于结晶　　B. 蒸发多余水分

C. 消除过火石灰的危害　　D. 降低发热量

4. 石灰膏的主要化学成分是（　　）。

A. $Ca(OH)_2$　　B. CaO　　C. $CaSO_4$　　D. $CaCO_3$

5. 熟石膏的分子式是（　　）。

A. $CaSO_4 \cdot 2H_2O$　　B. $CaSO_4$

C. $CaSO_4 \cdot \frac{1}{2}H_2O$　　D. CaO

6. 生石膏的分子式是（　　）。

A. $CaSO_4 \cdot 2H_2O$　　B. $CaSO_4$

C. $CaSO_4 \cdot \frac{1}{2}H_2O$　　D. CaO

7. 石膏在硬化过程中，体积产生（　　）。

A. 微小收缩　　B. 微小膨胀

C. 不收缩也不膨胀　　D. 较大收缩

8. 建筑石膏在使用时，通常掺入一定量的动物胶，其目的是为了（　　）。

A. 缓凝　　B. 提高强度　　C. 提高耐久性　　D. 促凝

9. 建筑石膏凝结硬化时，最主要的特点是（　　）。

A. 体积膨胀大　　B. 体积收缩大

C. 放出大量的热　　D. 凝结硬化快

10. 高强石膏的强度较高，这是因其调制浆体时的需水量（　　）。

A. 大　　B. 可大可小　　C. 中等　　D. 小

11. 建筑石膏是（　　）。

A. β型半水石膏　　B. 无水石膏

C. α型半水石膏　　D. 生石膏

12. 建筑石膏制品的防火性能好，但不宜长期在（　　）℃以上部位应用。

A. 60　　B. 65　　C. 70　　D. 75

13. 建筑石膏在凝结硬化时具有（　　）性，因而石膏制品轮廓清晰，花纹美观。

A. 微膨胀　　B. 微收缩　　C. 不变　　D. B+C

14. 由于石灰浆体硬化时（　　），以及硬化强度低等缺点，所以不宜单使用。

A. 体积膨胀大　　B. 需水量大　　C. 体积收缩大　　D. 吸水性大

15. CaO 为（　　）。

A. 生石灰　　B. 熟石灰　　C. 高强石膏　　D. 建筑石膏

16. 石灰的碳化反应式是（　　）。

A. $Ca(OH)_2+CO_2 = CaCO_3+H_2O$

B. $CaO+H_2O = Ca(OH)_2$

C. $Ca(OH)_2+CO_2+nH_2O = CaCO_3+(n+1)H_2O$

D. $CaCO_3 = CaO+CO_2$

17. 石灰在熟化时，（　　）。

A. 放出热量，体积缩小　　B. 放出水分，体积增加

C. 放出热量，体积膨胀　　D. 放出水分，体积缩小

18. 石灰浆在硬化过程中（　　）。

A. 释放出水分，体积收缩　　B. 放出热量，体积收缩

C. 体积不变，释放出水分　　D. 体积膨胀，放出热量

19. 石膏制品形体饱满、密实、表面光滑的主要原因是石膏（　　）。

A. 凝固时体积收缩　　B. 凝固时体积略有膨胀

C. 具有可塑性　　D. 水化反应后密度小

20. 下述说法中正确的是（　　）。

A. 石灰的耐水性较差，石灰与黏土配制而成的灰土耐水性也较差

B. 建筑石膏强度不如高强石膏，是因为两者水化产物不同，前者水化产物强度小于后者水化产物强度

C. 水玻璃属于气硬性胶凝材料，因此，将其用于配制防水剂是不可行的

D. 菱苦土拌和时不用水，而与 $MgCl_2$ 溶液共拌，硬化后强度较高

（五）多项选择题

1.（　　）浆体在凝结硬化过程中，其体积发生微小膨胀。

A. 石灰　　B. 石膏　　C. 菱苦土

D. 水玻璃　　E. 熟石膏

2. 石灰在使用前必须经过消解处理，消解过程中的特征是（　　）。

A. 收缩　　B. 膨胀　　C. 凝结

D. 吸热　　E. 放热

3. 石膏硬化后强度较低，为提高强度可在制品中采取（　　　）方法。

A. 石膏浆内掺增强材料　　B. 减小水灰比　　C. 加强养护

D. 贴护面纸　　E. 增大石膏比例

4. 与石灰相比，建筑石膏具有的性能是（　　　）。

A. 加水拌和凝结快　　B. 凝固时表面光滑细腻

C. 凝固时体积收缩　　D. 凝固时，体积略有膨胀，不开裂

E. 防火性能好

5. 下列关于石灰的说法，正确的是（　　　）。

A. 熟化后的石灰即可用于抹灰，与熟化程度无关

B. 生石灰供货时，块末比愈大愈好

C. 石灰浆的硬化过程，是石灰浆与空气中水生成 $Ca(OH)_2$

D. 石灰浆的硬化过程，是 $Ca(OH)_2$ 与潮湿空气中的 CO_2 生成 $CaCO_3$

E. 石灰是具有一定活性的材料，可用于配制水泥。

（六）简答题

1. 石膏为什么不宜用于室外？

答：

2. 试述欠火石灰与过火石灰对石灰品质的影响与危害？

答：

3. 用石膏作内墙抹灰时有什么优点？

答：

4. 在工程中，一般情况下石灰不单独使用，而采用石灰砂浆，原因何在？石灰掺入水泥砂浆中为何能改善其和易性，并使其耐水性变差？用作基础垫层和路基的石灰土，三合土为何具有一定的水硬性？

答：

5. 过火石灰有什么特点？并解释“陈伏”的概念和目的。欠火石灰有什么特点？磨细生石灰为什么不经“陈伏”可直接使用？

答：

6. 水玻璃的主要技术性质和主要用途有哪些？

答：

7. 建筑石膏凝结硬化过程的特点和主要技术性质如何？相比之下，石灰的凝结硬化过程有何不同？

答：

第三章　水　泥

一、学习要求

知识要点	能力目标	相关知识	权重	自测分数
硅酸盐水泥	了解水泥熟料的矿物组成及水泥浆凝结硬化过程对水泥硬化体的结构、性能的影响，掌握常用水泥的技术性质、质量要求	硅酸盐水泥的生产及成分、硅酸盐水泥的凝结与硬化、硅酸盐水泥的主要技术性质、水泥石的腐蚀及防止	0.5	
掺混合材料的硅酸盐水泥	了解混合材料的种类及用途，了解目前用量最大的五种通用水泥，掌握五种通用水泥与硅酸盐水泥技术性质的区别	水泥混合材料、通用水泥、通用水泥的选用	0.2	
其他品种水泥	掌握不同品种水泥与硅酸盐水泥的共性及特性，以及其特殊用途	铝酸盐水泥，快硬型水泥，膨胀型水泥，白色及彩色硅酸盐水泥，道路水泥，中、低热硅酸盐水泥和低热矿渣硅酸盐水泥，砌筑水泥	0.2	
水泥的应用	掌握合理选用水泥的原则及储运方法	水泥的用途、水泥品种的选择、水泥强度等级的选择、水泥的储运	0.1	

【提示】① 重点掌握硅酸盐水泥的特性；

② 重点理解硅酸盐水泥矿物熟料与技术性质之间的关系；

③ 重点掌握水泥的选用原则；

④ 掌握水泥在施工现场的保管及储运方法。

二、技能要求

1. 根据施工现场的具体条件，合理选择水泥品种和强度等级；
2. 掌握水泥抽样的方法及必检项目，废品水泥、不合格水泥的判定方法；
3. 硅酸盐水泥及五种通用水泥的认定；
4. 根据检测结果，判定水泥的强度等级。

三、经典例题

【例题 3-1】 现有四种白色粉末，已知其为建筑石膏、生石灰粉、白色石灰石粉和白色硅酸盐水泥，请加以鉴别（化学分析除外）。

解：取相同质量的四种粉末，分别加入适量的水拌和为同一稠度的浆体。放热量最大且有大量水蒸气产生的为生石灰粉；在 5～30min 内凝结硬化并具有一定强度的为建筑石膏；在 45min 到 12h 内凝结硬化的为白色水泥；加水后没有任何反应和变化的为白色石灰石粉。

鉴别这四种白色粉末的方法有很多，主要是根据四者的特性来区分。生石灰加水，发生消解成为消石灰——氢氧化钙，这个过程称为石灰的“消化”又称“熟化”，同时放出大量的热；建筑石膏与适量水拌和后，能形成可塑性良好的浆体，随着石膏与水的反应，浆体的可塑性很快消失而发生凝结，此后进一步产生和发展强度而硬化。一般石膏的初凝时间仅为 10min 左右，终凝时间不超过 30min。白色硅酸盐水泥的性能和硅酸盐水泥基本相同，其初凝时间不早于 45min，终凝时间不超过 390min。石灰石粉与水不发生任何反应。

【评注】在施工现场经常会遇见一些类似或相似的建筑材料，除可用一些专业的检测方法进行鉴别外，更多的需要施工技术及管理人员用一些简易、可行的方法来鉴别，如硅酸盐水泥、火山灰水泥、矿渣水泥、粉煤灰水泥的鉴别等。

【例题 3-2】 建筑材料试验室对一普通硅酸盐水泥试样进行了检测，试验结果如下表，试确定其强度等级。

抗折强度破坏荷载/kN		抗压强度破坏荷载/kN	
3d	28d	3d	28d
1.25	2.90	23	75
		29	71
1.57	3.05	29	70
		28	68
1.50	2.75	26	69
		27	70

解：(1) 抗折强度计算

该水泥试样 3d 抗折强度破坏荷载的平均值为：

$$\overline{F'_{f3}}=\frac{1.25+1.57+1.50}{3}=1.44\ (\text{kN})$$

判断最大值 1.57、最小值 1.25 与平均值 1.45 之间是否超过 10%的规定，因

$$\frac{1.44-1.25}{1.44}\times100\%=13.2\%>10\%$$

故舍去 1.25 的值，重新计算该水泥试样 3d 抗折强度破坏荷载的平均值，即

$$\overline{F'_{f3}}=\frac{1.57+1.50}{2}=1.54\ (\text{kN})$$

该水泥试样的 3d 抗折强度为：

$$R_{f3}=\frac{1.5F_fL}{b^3}=\frac{1.5\times1540\times100}{40^3}=3.61\ (\text{MPa})$$

该水泥试样 28d 抗折强度破坏荷载的平均值为：

$$\overline{F'_{f28}}=\frac{2.90+3.05+2.75}{3}=2.90\ (\text{kN})$$

最大值 3.05、最小值 2.75 与平均值 2.90 之间没有超过 10%的规定，故

该水泥试样的 28d 抗折强度为：

$$R_{f28}=\frac{1.5F_fL}{b^3}=\frac{1.5\times2900\times100}{40^3}=6.8\ (\text{MPa})$$

(2) 抗压强度计算

$$\overline{F'_{c3}}=\frac{23+29+29+28+26+27}{6}=27\ (\text{kN})$$

判断最大值29、最小值23与平均值27之间是否超过10%的规定，因

$$\frac{27-23}{27}\times100\%=14.8\%>10\%$$

故舍去23的值，重新计算该水泥试样3d抗压强度破坏荷载的平均值，即

$$\overline{F'_{c3}}=\frac{29+29+28+26+27}{5}=27.8\ (\text{kN})$$

该水泥试样3d抗压强度为：

$$R_{c3}=\frac{F_c}{A}=\frac{27.8\times1000}{1600}=17.4\ (\text{MPa})$$

该水泥试样28d抗压强度破坏荷载的平均值为：

$$\overline{F_{C28}}=\frac{75+71+70+68+69+70}{6}=70.5\ (\text{kN})$$

最大值75、最小值68与平均值70.5之间没有超过10%的规定，故
该水泥试样的28d抗压强度为：

$$R_{C28}=\frac{F_C}{A}=\frac{70.5\times1000}{1600}=44.1\ (\text{MPa})$$

(3) 汇总

该普通硅酸盐水泥试样在不同龄期的强度汇总如下表。

抗压强度/MPa		抗折强度/MPa	
3d	28d	3d	28d
17.4	44.1	3.61	6.8

查表（GB 175—1999）知该水泥试样强度等级为普通硅酸盐水泥42.5级。

【评注】水泥强度等级是施工现场必检项目之一，所以水泥试件进行抗折、抗压试验后，必须学会确定水泥强度等级。

四、习题练习

（一）名词解释题

1. 硅酸盐水泥：

2. 水泥的凝结与硬化：

3. 水泥的碳化：

4. 水泥比表面积：

5. 水泥的初凝时间：

6. 水泥的终凝时间：

7. 水泥石的侵蚀：

8. 火山灰质混合材料：

（二）填空题

1. 引起硅酸盐水泥体积安定性不良的原因是__________、游离 MgO 及__________含量多，它们相应地可以分别采用__________法、__________法及长期观测进行检验。

2. 硅酸盐水泥熟料中水化热低的矿物是______________，耐腐蚀性差的矿物是__________。

3. 高铝水泥的特性是__________、__________、__________，因此高铝水泥不能用于__________工程和__________混凝土。

4. 欲制得低热水泥，应限制硅酸盐水泥熟料中__________和 C_3S 的含量，也可采用__________措施来达到降低水化热的目的。

5. 硅酸盐水泥熟料矿物组成中，______________是决定水泥早期强度的组分，__________是保证水化后期强度的组分，__________矿物凝结硬化速度最快。

6. 硅酸盐水泥产生硫酸盐腐蚀的原因是由于其水化产物中的__________与环境介质中的__________发生了化学反应，生成了__________。

7. 水泥细度越细，水化放热量越大，凝结硬化后__________越大。

8. 活性混合材料中的主要化学成分是__________。

9. 作为水泥活性混合材料的激发剂，主要有__________激发剂和__________激发剂。

10. 掺活性混合材料的硅酸盐水泥，它们抗炭化能力均______________，其原因是________________。

11. 生产硅酸盐水泥时，必须掺入适量石膏，其目的是__________，当石膏掺量过多时，会造成__________。

12. 活性混合材料能与水泥水化产物中的__________发生反应。

（三）判断题（正确的画“√”，错误的画“×”）

1. 水泥安定性不良的原因是由于熟料中游离氧化钙或游离氧化镁及石膏掺量过多所致。（　　）

2. 国家标准规定硅酸盐水泥初凝时间不得迟于 45min。（　　）

3. 硅酸盐水泥的强度等级是依据 3d 和 28d 的抗压、抗折强度确定。（　　）

4. 水泥生产中加入石膏，可起到缓凝作用，并提高早期强度。 (　　)

5. 硅酸盐水泥的细度指标，国家标准规定比表面积小于 $300m^2/kg$。 (　　)

6. 用沸煮法可检验游离 CaO 的含量过多而引起水泥体积安定性不良。 (　　)

7. 水泥从加水拌和起至水泥开始失去塑性止所需时间称为水泥初凝时间。 (　　)

8. 水泥熟料四种矿物组成中提高 C_3S 和 C_3A 的含量，可制得快硬高强水泥。(　　)

9. 水泥强度与水泥强度等级是同一概念。 (　　)

10. 水泥中掺入非活性混合材料，主要起调节水泥标号、节约水泥熟料的作用。 (　　)

11. 水泥性质中只有体积安定性不合格的水泥，才认为是不合格水泥。 (　　)

12. 矿渣水泥优先用于高温车间的结构工程。 (　　)

13. 施工中，不同品种的水泥可以混合使用。 (　　)

14. 有抗渗要求的混凝土应选择矿渣水泥。 (　　)

15. 凡水泥的细度、凝结时间、不溶物和烧失量中，有一项不符合规定为废品。 (　　)

16. 水泥的混合料掺量超过最大限度、强度低于商品强度等级的指标时为不合格品。 (　　)

17. 水泥包装标志中水泥品种、强度等级、生产单位名称和编号不全的属不合格品。 (　　)

18. 凡 MgO、SO_3、初凝时间和安定性中任一项不符合标准规定时均为废品。(　　)

19. 存放期超过三个月的水泥应降低强度等级使用。 (　　)

20. 因水泥是水硬性胶凝材料，故运输或储存时不怕受潮。 (　　)

(四) 单项选择题

1. 为了有足够的施工时间，硅酸盐水泥的初凝时间为（　　）。

A. 45min　　B. 不得迟于 45min

C. 不得早于 45min　　D. 40min

2. 硅酸盐水泥熟料中加入石膏的目的是起（　　）作用。

A. 缓凝　　B. 促凝　　C. 增加强度　　D. 保证安定性

3. 硅酸盐水泥熟料中的有害成分如：游离 CaO、游离 MgO、硫酸盐等含量过多，将会引起水泥的（　　）。

A. 凝结过快　　B. 体积安定性不良

C. 细度过粗　　D. 强度降低

4. 硅酸盐水泥强度等级分为（　　）级，两种类型。

A. 二　　B. 三　　C. 四　　D. 五

5. 水泥安定性即指水泥浆在硬化时（　　）的性质。

A. 不变形　　B. 体积变化均匀

C. 产生高密实度　　D. 收缩

6. 水泥熟料四种矿物中提高（　　）含量，可制得高强水泥。

A. C_3A　　B. C_2S　　C. C_3S　　D. C_4AF

7. 用沸煮法检验水泥的体积安定性，可检验（　　）含量过多而引起的水泥安定性不良。

A. 石膏　　B. 游离 MgO　　C. 游离 CaO　　D. 钙矾石

8. 安定性不合格的水泥（　　）使用。

A. 严禁　　B. 降低标号　　C. 放置后　　D. 混合

9. 检验水泥强度的方法是（　　）。

A. 沸查法　　B. ISO 法　　C. 筛分析法　　D. 环球法

10. 水泥加水拌和起至水泥开始失去塑性止所需时间称为（　　）时间。

A. 硬化　　B. 终凝　　C. 初凝　　D. 凝结

11. 直接影响水泥的活性和强度的是（　　）。

A. 凝结时间　　B. 体积安定性　　C. 细度　　D. 密度

12. 水泥性质中体积安定性不合格的水泥为（　　）水泥。

A. 合格品　　B. 不合格品　　C. 降级使用　　D. 废品

13. 硅酸盐水泥适用于（　　）混凝土工程。

A. 快硬高强　　B. 大体积　　C. 与海水接触的　　D. 受热的

14. 纯（　　）与水反应是很强烈的，导致水泥立即凝结，故常掺入适量石膏以便调节凝结时间。

A. C_3S　　B. C_2S　　C. C_3A　　D. C_4AF

15. 水泥熟料矿物组成中耐化学腐蚀能力最差的是（　　）。

A. C_3S　　B. C_2S　　C. C_3A　　D. C_4AF

16. 硅酸盐水泥水化时，放热量最大且放热速度最快的是（　　）矿物。

A. C_3S　　B. C_2S　　C. C_3A　　D. C_4AF

17. 水泥胶砂强度检测时，水泥与标准砂的比例为（　　）。

A. 1∶2.0　　B. 1∶2.5　　C. 1∶3.0　　D. 1∶3.5

18. 引起硅酸盐水泥体积安定性不良的原因之一是水泥熟料中（　　）含量过多。

A. CaO　　B. 游离 CaO　　C. $Ca(OH)_2$　　D. $CaCO_3$

19. 对于干燥环境中的混凝土工程，应选用（　　）水泥品种。

A. 普通水泥　　B. 火山灰水泥

C. 矿渣水泥　　D. 粉煤灰水泥

20. 一般水泥的保存期为（　　）。

A. 一个月　　B. 两个月　　C. 三个月　　D. 四个月

21. 普通水泥的初凝时间不得早于（　　）。

A. 30min　　B. 45min　　C. 6.5h　　D. 10h

22. 预应力钢筋混凝土结构优先选用（　　）水泥。

A. 普通　　B. 矿渣　　C. 粉煤灰　　D. 火山灰

23. （　　）在使用时，常加入氟硅酸钠作为促凝剂。

A. 高铝水泥　　B. 石灰　　C. 石膏　　D. 水玻璃

24. 硅酸盐水泥宜优先使用于（　　）工程。

A. 预应力混凝土　　B. 耐热混凝土

C. 大体积混凝土　　D. 耐酸混凝土

25. 矿渣水泥优先用于（　　）混凝土结构工程。

A. 抗渗　　B. 高温　　C. 抗冻　　D. 抗磨

26. 水坝结构工程优先选用（　　）水泥。

A. 普通　　B. 矿渣　　C. 粉煤灰　　D. 硅酸盐

27. 矿渣硅酸盐水泥适用于（　　）混凝土工程。

A. 快硬高强　　B. 大体积

C. 与海水接触的　　D. 受热的

28. 大体积混凝土施工，不宜选用（　　）。

A. 矿渣水泥　　B. 普通水泥、硅酸盐水泥

C. 粉煤灰水泥　　D. 火山灰水泥

29. 硅酸盐水泥的细度指标，国家标准规定（　　）。

A. 筛余率不得超过10%　　B. 比表面积小于300m^2/kg

C. 比表面积大于300m^2/kg　　D. 筛余率大于10%

30. 确定水泥强度等级所采用的试件是（　　）。

A. 水泥净浆试件　　B. 水泥胶砂试件

C. 水泥混凝土立方体试件　　D. 其他试件

31. 水泥的强度等级依据（　　）评定。

A. 28d的抗压强度　　B. 3d、28d的抗压强度和抗折强度

C. 28d的抗压强度和抗折强度　　D. 3d的抗压强度和抗折强度

32. 在完全水化的硅酸盐水泥中，（　　）是主要水化产物，约占70%。

A. 水化硅酸钙凝胶　　B. 氢氧化钙晶体

C. 水化铝酸钙晶体　　D. 水化铁酸钙凝胶

33. 水泥的储存期应尽量缩短，一般不宜超过3个月，否则应该（　　）。

A. 与其他水泥掺和使用

B. 重新测定其强度等级，并按实测强度使用

C. 降级使用

D. 报废

34. 超过有效期的水泥（　　）。

A. 可按原标号使用　　B. 不能按原标号使用

C. 作废品处理　　D. 重新确定强度等级，按测定结果使用

35. 掺混合材料的水泥，比硅酸盐水泥的抗腐蚀能力强的原因是（　　）。

A. 水泥熟料含量相对较多　　B. 水化速度较慢

C. 水化产物中$Ca(OH)_2$含量较少　　D. 后期强度发展快

36. 硅酸盐水泥的凝结时间是（　　）。

A. 初凝时间不得迟于45min，终凝不得迟于390min

B. 初凝时间不得早于45min，终凝不得迟于390min

C. 初凝时间不得迟于45min，终凝不得早于390min

D. 初凝时间不得早于45min，终凝不得早于390min

（五）多项选择题

1. 水泥石中呈凝胶状态的组成有水化（　　）。

   A. 硅酸钙　　B. 氢氧化钙　　C. 铁酸钙

   D. 铝酸钙　　E. 硫铝酸钙

2. 水泥腐蚀的组分有（　　）。

   A. 氢氧化钙　　B. 氧化镁　　C. 水化铝酸钙

   D. 硫酸钙　　E. 钙矾石

3. 水泥安定性的影响因素有（　　）。

   A. C_3S　　B. 游离氧化钙　　C. 游离氧化镁

   D. C_3A　　E. 石膏

4. 水泥熟料中的主要矿物成分有（　　）。

   A. C_2S　　B. C_3S　　C. C_3A

   D. C_4AF　　E. $Ca(OH)_2$

5. 引起水泥体积安定性不合格的原因是由于水泥中含有过多的（　　）。

   A. 石膏　　B. 游离氧化钙　　C. 游离氧化镁

   D. 碳酸钙　　E. 氢氧化钙

6. 硅酸盐水泥不能应用于（　　）。

   A. 重要结构　　B. 海水及有侵蚀性介质存在的工程

   C. 寒冷地区　　D. 大体积混凝土

   E. 高温环境的工程

7. 水泥石中呈晶体状态的组成有（　　）。

   A. 水化硅酸钙　　B. 氢氧化钙　　C. 水化铁酸钙

   D. 水化铝酸钙　　E. 水化硫铝酸钙

8. 国家规定：硅酸盐水泥的凝结时间是（　　）。

   A. 初凝不得迟于 45min　　B. 初凝不得早于 45min

   C. 终凝不得迟于 390min　　D. 终凝不得早于 390min

   E. 终凝不得迟于 12h

9. 矿渣水泥与硅酸盐水泥相比，具有（　　）特点。

   A. 耐蚀性较强　　B. 后期强度发展快

   C. 水化热较低　　D. 温度敏感性高

   E. 早期强度低

10. 应优先选用矿渣水泥的混凝土工程有（　　）。

    A. 厚大体积混凝土　　B. 长期处于水中混凝土

    C. 快硬高强混凝土　　D. 干燥环境中的混凝土

    E. 受侵蚀作用的混凝土

11. 在硅酸盐水泥熟料中掺混合材料的目的是（　　）。

    A. 降低水化热　　B. 增加水泥品种

    C. 改善水泥性能　　D. 调节水泥强度

    E. 提高水泥产量

（六）简答题

1．水泥强度与水泥强度等级是同一概念吗？为什么？

答：

2．水泥细度对其性质有何影响？

答：

3．生产水泥时掺入石膏有何作用？为何要控制石膏的掺量？

答：

4．水泥石中的钙矾石是如何生成的？它起何作用？

答：

5．水泥验收有哪些内容？水泥废品、不合格品有哪些规定？保存水泥时应注意什么？

答：

6. 现有甲、乙两厂生产的硅酸盐水泥熟料，其矿物组成及其含量如下表（单位：%）

组　成	C_3S	C_2S	C_3A	C_4AF
甲	56	17	12	15
乙	42	35	7	16

试估计和比较这两厂生产的硅酸盐水泥的强度增长速度和水化热等性质上有何差异？为什么？

答：

7. 试解释以下几种说法的理由

（1）硅酸盐水泥不能用于大体积混凝土及受化学侵蚀和海水侵蚀的混凝土工程中。

答：

（2）火山灰水泥不得用于干燥环境和有耐磨要求环境的混凝土工程中。

答：

（3）高铝水泥不宜在高温环境下施工和养护、亦不宜在高温高湿环境下长期承受荷载。

答：

8. 何谓水泥的体积安定性？水泥体积安定性不合格怎么办？

答：

9. 标准稠度用水量对水泥的性质有什么影响？

答：

10. 现有下列工程，请选用适宜的水泥施工，并说明理由。

（1）现浇混凝土框架结构

答：

（2）有侵蚀介质的环境

答：

（3）高温车间

答：

（4）大体积混凝土工程（桥墩、堤坝）

答：

（5）用蒸汽养护的构件

答：

（6）紧急抢修工程

答：

（7）地下工程

答：

（8）高炉基础

答：

（七）计算题

1. 对 50g 普通水泥试样进行细度检验，在 80μm 方孔筛上的筛余量为 4g。问该水泥细度是否合格。

2. 建筑材料试验室对一普通硅酸盐水泥试样进行了检测，试验结果如下表，试确定其强度等级。

抗折强度破坏荷载/kN		抗压强度破坏荷载/kN	
3d	28d	3d	28d
1.67	3.30	26	95
		32	91
1.90	3.45	32	90
		28	88
1.80	2.85	29	89
		30	90

第四章　普通混凝土

一、学习要求

知识要点	能力目标	相关知识	权重	自测分数
概述	了解普通混凝土的优缺点和分类	水泥混凝土的分类、混凝土的优点与发展	0.1	
普通混凝土的组成材料	掌握混凝土的组成材料及材料性质对混凝土性质的影响，掌握细度模数的计算	水泥、细骨料（砂）、粗骨料（卵石、碎石）、混凝土拌和及养护用水	0.1	
混凝土拌和物的和易性	掌握混凝土拌和物的工作性能及评定指标	和易性的概念、流动性的选择、影响和易性的主要因素、离析和泌水	0.15	
硬化混凝土的强度	掌握硬化后混凝土的主要力学性质、要求及影响因素	混凝土的抗压强度与强度等级、轴心抗压强度、抗拉强度、混凝土与钢筋的黏结强度、影响混凝土强度的主要因素、提高混凝土强度的措施	0.15	
混凝土的变形性能	了解影响混凝土变形的因素	非荷载作用下的变形、荷载作用下的变形	0.05	
混凝土的耐久性	了解混凝土耐久性及其影响因素	混凝土的抗渗性、抗冻性、抗侵蚀性、碳化、混凝土的碱-骨料反应、提高混凝土耐久性的措施	0.05	
混凝土外加剂	了解混凝土外加剂的概念和作用效果	外加剂分类、减水剂、早强剂、引气剂、防冻剂、速凝剂、外加剂的选择和使用	0.1	
混凝土的质量控制与强度评定	了解混凝土强度质量控制及强度评定的方法	混凝土强度的质量控制、混凝土强度的评定	0.1	
普通混凝土的配合比设计	掌握混凝土配合比的设计方法及施工配合比的换算	混凝土配合比设计的基本要求、资料准备、三个参数、设计步骤、设计实例	0.2	

【提示】① 注意将已学过的水泥知识运用到混凝土中；

② 重点掌握砂、石材料在配制混凝土时的技术要求；

③ 正确处理水灰比、砂率、用水量三者之间的关系及其定量原则；

④ 熟练掌握配合比计算及调整方法；

⑤ 重点掌握混凝土的抽样方法。

二、技能要求

1. 具备根据施工现场的具体条件，合理选择混凝土拌和物所需水泥品种和强度等级的技能；

2. 具备水泥、砂石的主要指标的检测技能；
3. 具备混凝土和易性、强度测试、混凝土强度等级确定的技能；
4. 具备根据混凝土在浇筑过程中的现象，分析其原因并提出解决措施的技能。

三、经典例题

【例题 4-1】 甲、乙两种砂，取样筛分结果如下：

筛孔尺寸/mm	分计筛余量/g		筛孔尺寸/mm	分计筛余量/g	
	甲砂	乙砂		甲砂	乙砂
4.75	0	30	0.30	140	50
2.36	0	170	0.15	210	30
1.18	30	120	<0.15	40	10
0.60	80	90			

问：(1) 分别计算细度模数。

(2) 欲将甲、乙两种砂混合配制出细度模数为 2.7 的砂，问两种砂的比例应各占多少？

解：(1) 分别计算出甲砂和乙砂的累计筛余率

筛孔尺寸/mm	甲砂			乙砂		
	分计筛余量/g	分计筛余/%	累计筛余/%	分计筛余量/g	分计筛余/%	累计筛余/%
4.75	0	0	0	30	6	6
2.36	0	0	0	170	34	40
1.18	30	6	6	120	24	64
0.60	80	16	22	90	18	82
0.30	140	28	50	50	10	92
0.15	210	42	92	30	6	98
<0.15	40	8	100	10	2	100

则甲砂细度模数为：

$$M_X=\frac{0+6+22+50+92-5\times 0}{100-0}=1.7$$

乙砂细度模数为：

$$M_X=\frac{40+64+82+92+98-5\times 6}{100-6}=3.68$$

甲砂细度模数为 1.7；乙砂细度模数为 3.68；

(2) 设混合砂中甲砂所占比例为 Y，则

$$1.7\times Y+3.68\times(1-Y)=2.7$$

得

$$Y=0.49$$

所以，如果混合砂的细度模数为 2.7，则甲砂掺入 49%，乙砂掺入 51%，即可满足要求。

【评注】在施工现场，经常会遇见单独使用某一种砂时，其级配不合格，这时需要用

两种砂进行人工掺配使用。

【例题 4-2】 现场质量检测取样一组边长为 100mm 的混凝土立方体试件，将它们在标准养护条件下养护至 28 天，测得混凝土试件的抗压破坏荷载分别为 306kN、286kN、270kN。试确定该组混凝土的标准立方体抗压强度、立方体抗压强度标准值，并确定其强度等级（假定抗压强度的标准差为 3.0MPa）。

解： 100mm 混凝土立方体试件的平均强度为

$$\overline{f_{10}}=\frac{(306+286+270)\times 1000}{100\times 100\times 3}=28.7(\text{MPa})$$

换算为标准立方体抗压强度：

$$f_{15}=28.7\times 0.95=27.3(\text{MPa})$$

混凝土立方体抗压强度标准值为：

$$f_K=f_{15}-1.645\sigma_0=27.3-1.645\times 3.0=22(\text{MPa})$$

故该组混凝土的强度等级为 C20。

【评注】在建筑施工现场经常会遇见因试件尺寸不标准，而需换算为标准试件强度的事例。边长为 100mm 混凝土立方体试件的强度换算系数为 0.95；混凝土立方体抗压强度标准值为具有 95% 强度保证率的混凝土抗压强度值。95% 强度保证率的概率度 t 为 1.645。

【例题 4-3】 配制混凝土时，制作 10cm×10cm×10cm 立方体试件 3 块，在标准条件下养护 7d 后，测得破坏荷载分别为 140kN、135kN、140kN，试估算该混凝土 28d 的标准立方体抗压强度。

解： 7d 龄期时：

10cm 混凝土立方体的平均强度为

$$\bar{f}=\frac{(140+135+140)\times 1000}{100\times 100\times 3}=13.8(\text{MPa})$$

换算为标准立方体抗压强度，即

$$f_7=13.8\times 0.95=13.1(\text{MPa})$$

28d 龄期时：

$$f_{28}=\frac{\lg 28}{\lg 7}f_7=1.71\times 13.1=22.4(\text{MPa})$$

故该混凝土 28d 的标准立方体抗压强度为 22.4MPa

【评注】因施工工期的原因，在建筑施工现场经常会碰到用所测的 3d 抗压强度来推算 28d 抗压强度的事例。

四、习题练习

（一）名词解释题

1. 和易性：

2. 流动性：

3. 黏聚性：

4. 保水性：

5. 减水剂：

(二) 填空题

1. 一般情况下，水泥强度等级为混凝土强度等级的__________倍为宜。

2. 在配制混凝土时，如砂率过小，就要影响混凝土混合物的__________。

3. 当混凝土拌和物出现黏聚性尚好、坍落度太大时，应保持在__________不变的情况下，适当地增加__________用量。

4. 常用的混凝土强度公式是__________，式中 f_{ce} 表示__________。

5. 普通混凝土采用蒸汽养护，能提高__________强度；但__________强度不一定提高。

6. 普通混凝土配合比按体积法计算的理论是：混凝土的__________等于__________、__________、__________、__________绝对体积和__________之和。

7. 碳化使混凝土的__________降低，减弱了对混凝土中钢筋的保护作用。

8. 对混凝土用砂进行筛分析试验，其目的是测定砂的__________和__________。

9. 抗渗性是混凝土耐久性指标之一，P6 表示混凝土能抵抗__________ MPa 的水压力而不渗漏。

10. 混凝土中掺入引气剂后，可明显提高抗渗性和__________。

11. 要保证混凝土的耐久性，则在混凝土配合比设计中要控制__________和__________。

12. 混凝土配合比设计时的单位用水量，主要根据__________、__________、__________选用。

13. 用连续级配骨料配制的混凝土拌和物工作性良好，不易产生__________现象，所需要的水泥用量比采用间断级配时__________。

14. 某工地浇筑混凝土构件，原计划采用机械振捣，后因故改用人工振捣，此时混凝土拌和物的用水量应__________，W/C 应__________。

15. 进行混凝土抗压强度检验时，试件的标准养护条件为__________、__________；若测得某标准试件混凝土的抗压极限荷载值分别为 750kN、520kN、623kN，则该组混凝土的强度评定值为＿＿＿＿＿ MPa。

16. 木钙是一种减水剂，但同时具有＿＿＿＿＿和＿＿＿＿＿效果。

17. 在混凝土中，砂子和石子起＿＿＿＿＿作用，水泥浆在硬化前起＿＿＿＿＿作用，在硬化后起＿＿＿＿＿作用。

（三）判断题（正确的画“√”，错误的画“×”）

1. 为使混凝土有充分的时间搅拌、运输、浇捣，水泥初凝时间不能过长。（　）
2. 配制 C25 级混凝土可优先选用 52.5 级水泥。（　）
3. 配制混凝土时选用粗骨料的最大粒径不得大于钢筋最小净距的 3/4。（　）
4. 砂的细度模数不仅表示砂的粗细，同时也反映砂的级配优劣。（　）
5. 混凝土粗骨料最大粒径不得大于结构截面最小尺寸的 1/4。（　）
6. 水泥用量越多混凝土的质量就越好。（　）
7. 石子的最大粒径在条件允许时，应尽量选择小些。（　）
8. 骨料的级配好、则骨料的空隙小，就节约水泥。（　）
9. 砂石级配良好，即指颗粒大小，相差不大。（　）
10. 当构件截面尺寸较大或钢筋较疏时，坍落度值可选择小些。（　）
11. 混凝土在潮湿环境中养护，强度会发展更好。（　）
12. 砂率是指混凝土中砂的质量占混凝土质量的百分率。（　）
13. 在混凝土施工中可采用直接多加水的方法来增加流动性。（　）
14. 同等条件下，碎石拌制的混凝土强度比卵石拌制的混凝土强度高。（　）
15. 泵送混凝土中最适宜加入的外加剂是减水剂。（　）
16. 减水剂是指在混凝土坍落度基本相同的条件下，能减少用水量的外加剂。（　）
17. 早强剂可促进水泥的水化和硬化过程，加快施工进度。（　）
18. 在混凝土拌和物掺入引气剂可提高混凝土的强度。（　）
19. 体积法设计混凝土配合比，其求出的结果就是各材料用量的体积之比。（　）
20. 配制特细砂混凝土宜采用大砂率和大流动性。（　）

（四）单项选择题

1. 砂的细度模数越大，表示（　　）。

   A. 砂越细　B. 砂越粗　C. 级配越好　D. 级配越差

2. 砂子的粗细程度是用（　　）表示的。

   A. 颗粒直径　B. 累计筛余百分率　C. 细度模数　D. 级配区

3. 配制混凝土宜采用（　　）。

   A. 粗砂　B. 中砂　C. 细砂　D. 特细砂

4. 普通混凝土抗压强度测定时，若采用 100mm 的立方体试件，试验结果应乘以尺寸换算系数（　　）。

   A. 0.90　B. 0.95　C. 1.00　D. 1.05

5. 维勃稠度法测定混凝土拌和物流动性时，其值越大表示混凝土的（　　）。

   A. 流动性越大　B. 流动性越小　C. 黏聚性越好　D. 保水性越差

6. 大体积混凝土施工应选用（　　）。

   A. 普通水泥　B. 硅酸盐水泥　C. 粉煤灰水泥　D. 快硬硅酸盐水泥

7. 配制 C30 以内混凝土时，水泥的强度一般为混凝土强度等级的（　　）倍为宜。

A. 1～1.5　　B. 1.5～2　　C. 2～2.5　　D. 2～3

8. 配制 C25 级混凝土时可优先选用（　　）级水泥。

A. 32.5　　B. 42.5　　C. 52.5　　D. 62.5

9. 配制混凝土时选用粗骨料的最大粒不得大于钢筋最小净距的（　　）。

A. 1/4　　B. 1/2　　C. 3/4　　D. 2/4

10. 配制混凝土时选用粗骨料的最大粒不得大于结构截面最小尺寸的（　　）。

A. 1/4　　B. 1/2　　C. 3/4　　D. 2/4

11. 混凝土中的水泥浆，在混凝土硬化前起（　　）作用。

A. 胶结　　B. 润滑和填充　　C. 提供早期强度　　D. 保水

12. 混凝土所用骨料的级配好，说明骨料的总表面积小且空隙率（　　）。

A. 大　　B. 小　　C. 不变　　D. 为零

13. 某混凝土构件是 80mm 厚平板、采用直径 10mm 的钢筋，最小间距 200mm，应选用的石子是（　　）。

A. 5～10mm　　B. 5～20mm　　C. 5～40mm　　D. 5～50mm

14. 配制混凝土时水泥强度等级和品种应根据混凝土设计强度和（　　）选用。

A. 和易性　　B. 变形性能　　C. 耐久性　　D. 抗渗性

15. 水泥浆体在混凝土硬化前后起的作用分别是（　　）。

A. 黏结与润滑　　B. 润滑与胶结　　C. 填充与润滑　　D. 胶结与填充

16. 普通混凝土棱柱体强度 f_C 与立方体强度 f_{CU} 两者数值的关系是（　）。

A. $f_C=f_{CU}$　　B. $f_C\approx f_{CU}$　　C. $f_C>f_{CU}$　　D. $f_C<f_{CU}$

17. 相同配比的混凝土，试件尺寸越小，测得的强度值（　　）。

A. 越高　　B. 越低　　C. 不变　　D. 最大

18. 混凝土的和易性不包含（　　）。

A. 流动性　　B. 黏聚性　　C. 可塑性　　D. 保水性

19. 混凝土的流动性用（　　）表示。

A. 沉入度　　B. 分层度　　C. 坍落度　　D. 针入度

20. 某混凝土拌和物的立方体抗压强度标准值为 24.5MPa，则该混凝土的强度等级为（　　）。

A. C25　　B. C24　　C. C20　　D. C23

21. 原材料品质完全相同的 4 组混凝土试件，它们的表观密度分别为 2360、2400、2440 及 2480kg/m^3，通常其强度最高的是表观密度为（　　）kg/m^3 的那一组。

A. 2360　　B. 2400　　C. 2440　　D. 2480

22. 若混凝土拌和物的坍落度值达不到设计要求，可掺入（　　）来提高坍落度。

A. 木钙　　B. 松香热聚物　　C. 硫酸钠　　D. 三乙醇胺

23. 将一批混凝土试件，经养护至 28d 后分别测得其养护状态下的平均抗压强度为 23MPa，干燥状态下的平均抗压强度为 25MPa，吸水饱和状态下的平均抗压强度为 22MPa，则其软化系数为（　　）。

A. 0.92　　B. 0.88　　C. 0.96　　D. 0.13

24. 夏季泵送混凝土宜选用的外加剂为（　　）。

A. 早强剂　　B. 缓凝减水剂　　C. 高效减水剂　　D. 引气剂

25. 掺入木质素磺酸钙减水剂对混凝土（　　）季施工有利。

A. 春　　B. 夏　　C. 秋　　D. 冬

26. 减水剂是指在坍落度基本相同的条件下，（　　）拌和用水量的外加剂。

A. 减少　　B. 增加　　C. 不变　　D. B+C

27. 若保持混凝土的坍落度和水灰比不变，在混凝土中适当掺入减水剂能（　　）。

A. 节约水泥　　B. 显著加速硬化　　C. 减少用水量　　D. 提高混凝土强度

28. 长距离运输混凝土或大体积混凝土，常用的外加剂是（　　）。

A. 减水剂　　B. 引气剂　　C. 缓凝剂　　D. 早凝剂

29. 坍落度是表示塑性混凝土（　　）的指标。

A. 流动性　　B. 黏聚性　　C. 保水性　　D. 软化点

30. 压碎指标是用来表征（　　）强度的指标。

A. 混凝土　　B. 空心砖　　C. 粗骨料　　D. 细骨料

31. 普通混凝土在养护7天时，其强度应达到设计强度的（　　）。

A. 20%～30%　　B. 40%～50%　　C. 60%～75%　　D. 80%～90%

32. 特细砂混凝土拌和物黏性大，不易拌和均匀，因此，拌和时间应比普通混凝土延长（　　）min

A. 1～1　　B. 1～2　　C. 1～3　　D. 1～4

33. 用高标号水泥配制低强度等级的混凝土时，要保证工程技术与经济要求，必须采取的措施为（　　）。

A. 尽量采用较小的砂率　　B. 尽量采用较粗的粗骨料

C. 掺加活性混合材料　　D. 尽量采用较大的水灰比

34. 混凝土施工中为增大流动性可采用（　　）。

A. 保持水灰比不变增加水泥浆　　B. 增加水

C. 增加水泥　　D. 增大砂率

35. 采用（　　），可提高混凝土强度。

A. 蒸汽养护　　B. 早强剂

C. 水灰比小的干硬性混凝土　　D. 快硬水泥

36. 关于砂子的细度模数，正确的说法是（　　）。

A. 细度模数越大，砂越粗　　B. 细度模数与砂的粗细无直接关系

C. 细度模数越小，砂越粗　　D. 以上说法均不正确

37. 配制混凝土用砂的要求是尽量采用（　　）的砂。

A. 空隙率和总表面积均较小　　B. 总表面积小

C. 总表面积大　　D. 空隙率小

38. 测定混凝土强度用的标准试件尺寸是（　　）。

A. 70.7mm×70.7mm×70.7mm　　B. 100mm×100mm×100mm

C. 150mm×150mm×150mm　　D. 200mm×200mm×200mm

39. 混凝土用骨料的级配要求是（　　）。

A. 空隙率要小，总表面积要大　　B. 空隙率要小，总表面积也要小

C. 空隙率要小，颗粒尽可能粗　　D. 空隙率要大，颗粒尽可能细

40. 硅酸盐水泥硬化水泥石，长期处在硫酸盐浓度较低的环境水中，将导致膨胀开裂，这是由于反应生成了（　　）所致。

A. $CaSO_4$　　B. $CaSO_4 \cdot 2H_2O$

C. $3CaO \cdot Al_2O_3 \cdot CaSO_4 \cdot 31H_2O$　　D. $CaO \cdot Al_2O_3 \cdot 3CaSO_4 \cdot 11H_2O$

41. 混凝土配合比设计的三个主要技术参数是（　　）。

A. 单位用水量、水泥用量、砂率　　B. 水灰比、水泥用量、砂率

C. 单位用水量、水灰比、砂率　　D. 水泥强度、水灰比、砂率

42. 设计混凝土配合比时，单位用水量的确定原则是（　　）。

A. 满足流动性要求的前提下选小值　　B. 满足和易性要求

C. 满足和易性和强度要求　　D. 满足强度和耐久性要求

43. 迫不得已时，若用低标号水泥配制高强度混凝土，最有效的措施是（　　）。

A. 减小砂率　　B. 增大砂率

C. 增大粗骨料的粒径　　D. 掺减水剂，降低水灰比

44. 试拌混凝土时，拌和物的流动性低于设计要求，宜采用的调整方法是（　　）。

A. 增加用水量　　B. 降低砂率

C. 增加水泥用量　　D. 增加水泥浆量（W/C 不变）

45. 混凝土的强度等级是依据 28 天的（　　）确定的。

A. 抗折强度　　B. 抗压强度与抗折强度

C. 抗压强度标准值　　D. 抗压强度平均值

46. 配制混凝土时，水灰比（W/C）过大，则（　　）。

A. 混凝土拌和物的保水性变好　　B. 混凝土拌和物的黏聚性变好

C. 混凝土的耐久性和强度下降　　D. A+B+C

47. 硬化后的混凝土应具有（　　）。

A. 和易性和强度　　B. 强度和耐久性

C. 流动性和黏聚性　　D. 流动性、黏聚性和保水性

48. 施工所需的混凝土拌和物坍落度的大小主要由（　　）来选取。

A. 水灰比和砂率　　B. 水灰比和捣实方式

C. 骨料的性质、最大粒径和级配　　D. 构件截面尺寸大小，钢筋疏密，捣实方式

49. 设计混凝土初步配合比时，选择水灰比的原则是按（　　）。

A. 混凝土强度要求　　B. 大于最大水灰比

C. 等于最大水灰比　　D. 小于或等于最大水灰比

50. 若砂子的筛分曲线落在规定的三个级配区中的任一个区，则（　　）。

A. 颗粒级配及细度模数都合格，可用于配制混凝土

B. 颗粒级配合格，但可能是特细砂或特粗砂

C. 颗粒级配不合格，细度模数是否合适不确定

D. 颗粒级配不合格，但是细度模数符合要求

（五）多项选择题

1. 配制特细砂混凝土要掌握（　　）。

A. 低流动性　　B. 高砂率　　C. 低砂率

D. 高流动性　　E. 高黏聚性

2. 配制混凝土用的砂必须级配良好，即是（　　）小。

A. 总表面积　　B. 砂率　　C. 空隙率

D. 细度模数　　E. 坍落度

3. 混凝土和易性是一项综合的技术性质，具有（　　）等三方面的含义。

A. 流动性　　B. 稠度　　C. 黏聚性

D. 塑性　　E. 保水性

4. 混凝土配合比设计的三个重要参数是（　　）。

A. 单位用水量　　B. 水灰比　　C. 强度

D. 流动性　　E. 砂率

5. 混凝土配合比设计应该满足（　　）等几项要求。

A. 强度标准差　　B. 经济　　C. 耐久性

D. 强度　　E. 和易性

6. 配制混凝土用的石子粒径，应根据（　　）来选择。

A. 结构截面尺寸　　B. 钢筋疏密程度　　C. 施工条件

D. 构件种类　　E. 石子的种类

7. 混凝土的强度主要取决于（　　）。

A. 水泥强度与水灰比　　B. 耐久性　　C. 养护条件

D. 龄期　　E. 骨料种类及级配

8. 质量合格的混凝土应满足（　　）技术性能。

A. 良好的和易性　　B. 足够的强度　　C. 足够的耐久性

D. 良好的稳定性　　E. 良好的体积安定性

9. 改善混凝土拌和物和易性的措施有（　　）。

A. 增加用水量　　B. 保持水灰比不变，增加水泥浆用量

C. 采用最佳砂率　　D. 采用级配良好的集料　　E. 加入减水剂

10. 配制混凝土时，水灰比是由（　　）决定。

A. 水泥强度等级　　B. 混凝土强度　　C. 耐久性

D. 拌和物的坍落度　　E. 强度标准

11. 配制混凝土时，用水量应根据（　　）选取。

A. 混凝土强度等级　　B. 坍落度　　C. 石子最大粒径

D. 石子种类　　E. 水泥强度等级

12. 提高混凝土强度的措施有（　　）。

A. 采用高强度等级的水泥　　B. 采用水灰比较小的干硬性混凝土

C. 加强养护　　D. 采用级配良好的集料及合理砂率

E. 采用机械搅拌和振捣，改进施工工艺

（六）简答题

1. 混凝土用骨料为什么要进行级配？级配良好的要求是什么？

答：

2. 水泥用量越多混凝土质量越好吗？为什么？

答：

3. 简述水灰比对混凝土性能有哪些影响。

答：

4. 砂子标准筛分曲线图中 1 区、2 区、3 区说明什么问题？三个区以外的区域又说明什么？配制混凝土时，选用哪个区的砂好些？

答：

5. 简述如何通过调整混凝土配合比以改善混凝土的抗渗性（不掺加任何外加剂）？

答：

6. 简述硬化混凝土可能遭受的化学腐蚀作用及提高其抵抗化学腐蚀作用的措施。

答：

7. 混凝土在下述情况下，均能导致裂缝，试分析裂缝产生原因，并说明主要防止措施。

（1）混凝土早期受冻；

答：

（2）混凝土养护时缺水。

答：

8. 何谓混凝土的碳化？碳化对钢筋混凝土的性能有何影响？

答：

9. 何谓混凝土拌和物的和易性？通常用什么方法评定？影响混凝土拌和物和易性的主要因素有哪些？

答：

10．是否混凝土拌和物的坍落度越大其拌和物的流动性就越好？为什么？
答：

11．影响混凝土强度的主要因素有哪些？怎样影响？
答：

12．何为砂率？什么是合理砂率？采用合理砂率配制混凝土有何意义？
答：

13. 为提高混凝土的耐久性，为何要控制最大水灰比与最小水泥用量？

答：

14. 何谓混凝土的徐变？产生徐变的原因是什么？混凝土徐变在结构工程中有何实际影响？

15. 何谓混凝土的耐久性？提高混凝土耐久性的措施有哪些？

16. 为改善混凝土的和易性，以下方案哪些可行？哪些不行？说明理由。

(1) 直接多加水

答：

（2）适当增加水泥浆

答：

（3）加入氯化钙

答：

（4）加入减水剂

答：

（5）改变水泥品种

答：

（6）改变施工环境温度

答：

（7）改变骨料形状、级配

答：

17. 在测定混凝土拌和物的和易性时，可能会出现以下四种情况：（1）流动性比要求的小；（2）流动性比要求的大；（3）流动性比要求的小，而且黏聚性较差；（4）流动性比要求的大，且黏聚性、保水性也较差。试问：对这四种情况应分别采取哪些措施来调整？

答：

（七）计算题

1. 已知某砂样（500g 干砂），筛分结果如下表，求分计筛余、累计筛余、细度模数，判定其为何种砂。

筛孔尺寸/mm	4.75	2.36	1.18	0.60	0.30	0.15	0.15 以下
筛余量/g	25	70	70	90	120	100	25
分计筛余/%							
累计筛余/%							

解：

2. 甲、乙两种砂样（500g 干砂），筛分结果如下表。

筛孔尺寸/mm	分计筛余量/g		筛孔尺寸/mm	分计筛余量/g	
	甲砂	乙砂		甲砂	乙砂
4.75	0	50	0.60	230	50
2.36	0	150	0.30	100	50
1.18	20	150	0.15	125	35

试分别计算其细度模数并评定其级配。若将这两种砂按各占 50%混合，试计算混合砂的细度模数并评定其级配。

解：

3. 有一组边长为100mm×100mm×100mm的混凝土立方体试件，其抗压破坏荷载分别为310kN、300kN、280kN，试计算该组混凝土的强度代表值是多少？

解：

4. 已知混凝土实验室配合比为1∶1.96∶3.80∶0.61。现场砂子含水率为4%，卵石含水率1.8%。问拌两袋水泥（100kg）时，其他材料称量为多少？

解：

5. 某混凝土配合比为1∶2.30∶4.10∶0.60。已知每立方米混凝土拌和物中水泥用量为295kg/m^3。现场有砂15m^3，此砂含水量为5%，堆积密度为1520kg/m^3。求：现场砂能生产多少立方米的混凝土。

解：

6. 配制某混凝土，确定水灰比为0.56，假定砂率S=34%，已知水泥用量为342kg，砂子用量为622kg。

（1）计算该混凝土配合比。

（2）若已知砂子含水率为4%，石子含水率为1%，试计算施工配合比。

解：

7. 某实验室试配混凝土15L，经试拌调整达到设计要求后，各材料用量为：42.5级硅酸盐水泥4.5kg，水2.7kg，砂9.9kg，碎石18.9kg，并测得混凝土拌和物表观密度为2380kg/m^3。

（1）试计算每立方米混凝土各项材料的用量。

（2）当施工现场实测砂的含水率为3.5%，石子的含水率为1%时，试求施工配合比。

（3）若不进行配合比换算，直接把实验室配合比在施工现场使用，则现场混凝土的实际配合比将如何变化？对混凝土强度将产生多大影响？

解：

8. 某工地采用52.5级普通水泥和卵石配制混凝土。其施工配合比为：水泥336kg，砂698kg，卵石1260kg，水129kg。已知现场砂的含水率为3.5%，卵石含水率为1%，试问该混凝土是否满足C30强度要求？（$\sigma=5.0\text{MPa}$，$\alpha_a=0.48$，$\alpha_b=0.33$）

解：

9. 混凝土计算配合比为1∶2.13∶4.31，水灰比为0.58，在试拌调整时，增加了10%的水泥浆用量。试求（1）该混凝土的基准配合比；（2）若已知以基准配合比配制的混凝土，每1m^3需用水泥320kg，求1m^3混凝土中其他材料的用量。

解：

10. 某混凝土预制构件厂，生产预应力钢筋混凝土大梁，需用设计强度为C40的混凝土，拟用原材料如下。

水泥：42.5级普通硅酸盐水泥，强度富余系数为1.10，$\rho_c=3.15\text{g/cm}^3$；

中砂：$\rho_s=2.66\text{g/cm}^3$，级配合格；

碎石：$\rho_g=2.70\text{g/cm}^3$，级配合格，$D_{max}=20\text{mm}$。已知单位用水量$m_w=170\text{kg}$，标准差$\sigma=5\text{MPa}$，砂率取33%。试用体积法计算混凝土配合比。并求出每拌3包水泥（每

包水泥重 50kg）的混凝土时各材料用量。

解：

11. 某建筑公司拟建一栋面积 5000m^2 的六层住宅楼，估计施工中要用 55m^3 现浇混凝土，已知混凝土的配合比为 1∶1.74∶3.56，$m_w/m_c=0.56$，现场供应的原材料情况如下。

水泥：42.5 级普通水泥，$\rho_c=3.10g/cm^3$。

砂：中砂、级配合格，$\rho_s=2.60g/cm^3$。

石：5～40mm 碎石，级配合格，$\rho_g=2.70g/cm^3$。

试求：(1) 1m^3 混凝土中各材料的用量；

(2) 如果在上述混凝土中掺入水泥质量 0.5% 的减水剂（密度为 2.20g/cm^3），并减水 10%，减水泥 5%，拌和物含气量达 4%，砂率可保持不变，试计算 1m^3 混凝土的各种材料用量；

（3）本工程混凝土可节省水泥约多少吨？

解：

12. 已知每拌制 $1m^3$ 混凝土需要干砂 606kg，水 180kg，经实验室配合比调整计算后，砂率宜为 0.34，水灰比宜为 0.6。测得施工现场的含水率砂为 7%，石子的含水率为 3%，试计算施工配合比。

解：

13. 已知设计要求的混凝土强度等级为C20，水泥用量为280kg/m^3，水的用量为195kg/m^3，42.5级水泥，强度富余系数为1.13；石子为碎石，材料系数$\alpha_a=0.46$，$\alpha_b=0.52$。试用水灰比公式计算校核，按上述条件施工作业，混凝土强度是否有保证？为什么？（$\sigma=6.0$MPa）

解：

14. 配制混凝土时，制作100mm×100mm×100mm立方体试件3块，在标准条件下养护7d后，测得破坏荷载分别为145kN、135kN、142kN，试估算该混凝土28d的标准立方体抗压强度。

解：

第五章　建筑砂浆

一、学习要求

知识要点	能力目标	相关知识	权重	自测分数
砌筑砂浆	了解砌筑砂浆的组成材料、掌握砌筑砂浆的技术性质和配合比设计	砌筑砂浆的组成材料、主要性质、配合比设计	0.6	
抹灰砂浆	了解抹灰砂浆的用途及施工中的注意事项	一般抹灰砂浆、装饰砂浆、防水砂浆	0.4	

【提示】重点了解各种砂浆的配制方法及用途。

二、技能要求

1. 具备根据施工现场的具体条件，合理选择砌筑砂浆所需水泥品种和强度等级的技能；

2. 具备砂浆主要指标的检测及抽样技能；

3. 具备根据砂浆在砌筑过程中的现象，分析其原因并提出解决措施的技能。

三、经典例题

【例题 5-1】 将 1∶1∶6 抹灰砂浆（体积比）换算成质量比。

已知：强度等级为 42.5 的普通硅酸盐水泥，堆积密度为 $1300kg/m^3$；

石灰膏的表观密度为 $1380kg/m^3$；

砂的表观密度为 $2700kg/m^3$，堆积密度为 $1500kg/m^3$。

解：

砂子用量　$V_s=\dfrac{6}{8-6\times(1-\dfrac{1500}{2700})}=1.13m^3>1m^3$

所以砂子用量取 $1m^3$

砂子质量　$m_s=1\times1500=1500$（kg）

水泥用量　$V_c=1\times\dfrac{1}{6}=0.17$（$m^3$）

水泥质量　$m_c=0.17\times1300=221$（kg）

石灰膏用量　$V_D=1\times\dfrac{1}{6}=0.17$（$m^3$）

石灰膏质量　$m_D=0.17\times1380=235$（kg）

质量比　$m_c:m_D:m_s=221:235:1500=1:1.06:6.79$

【评注】在砂浆拌和过程中，由于采用体积比，对水泥、砂、石灰膏等材料不容易计量，所以要换算为质量比，便于称重计算。这是在施工过程中常遇见的问题。

【例题 5-2】 普通抹面砂浆的主要性能与要求是什么？不同部位应采用何种抹面砂浆？

答：抹面砂浆的主要性能是保护建筑物、增加建筑物的耐久性、使建筑物表面平整、光洁美观。对砂浆的主要技术性能要求不是砂浆的强度，而是和易性，以及与基底材料的黏结力，故需要多用一些胶凝材料，必要时可掺入乳胶或 108 胶水，也可在其中掺入麻刀、纸筋等纤维材料增加拉结力。

普通抹面一般分两层或三层进行施工，底层起黏结作用，中层起找平作用，面层起装饰作用。有的简易抹面只有底层和面层。由于各层抹灰的要求不同，各部位所选用的砂浆也不尽相同。砖墙的底层较粗糙，底层找平多用石灰砂浆或石灰炉渣灰砂浆。中层抹灰多用黏结性较强的混合砂浆或石灰砂浆。面层抹灰多用抗收缩、抗裂性较强的混合砂浆、麻刀灰砂浆或纸筋石灰砂浆。

【评注】板条墙或板条顶棚的底层抹灰，为提高抗裂性，多用麻刀石灰砂浆。混凝土墙、梁、柱、顶板等底层抹灰，因表面较光滑，为提高黏结力，多用混合砂浆。在容易碰撞或潮湿的部位，应采用强度较高或抗水性好的水泥砂浆。

四、习题练习

（一）名词解释题

1. 砂浆保水性：

2. 建筑砂浆：

3. 砂浆流动性：

（二）填空题

1. 砂浆试件尺寸采用____________________立方体试件。
2. 砌筑砂浆中掺入石灰膏而制得混合砂浆，其目的是______________。
3. 砌筑烧结普通砖的砂浆，其抗压强度主要取决于__________和__________。
4. 砂浆和易性包括__________和__________两方面的含义。
5. 用于砌筑密实石材的砂浆，其强度主要决定于__________和__________。

（三）判断题（正确的画“√”，错误的画“×”）

1. 一般砂浆的分层度越小越好。 （　　）
2. 砂浆与基面的黏结力是影响砌体强度，耐久性和稳定性的主要因素之一。 （　　）
3. 砂浆的流动性选择与砌体材料和气候情况有关。 （　　）
4. 决定砂浆强度的大小是所用水泥的强度等级和水泥用量。 （　　）
5. 砂浆的和易性包括流动性、保水性、黏聚性。 （　　）

（四）单项选择题

1. 抹面砂浆常以（　　）作为砂浆的最主要的技术性能指标。

A. 抗压强度　　B. 黏结强度　　C. 抗拉强度　　D. 耐久性

2. 配制一定强度等级的水泥石灰混合砂浆，已确定 $1m^3$ 砂浆所需水泥用量为 165kg，估计石灰膏用量为（　　）kg。

A. 135　　B. 155　　C. 195　　D. 255

3. 砌筑砂浆的稠度通常用（　　）表示。

A. 坍落度　　B. 沉入度　　C. 分层度　　D. 针入度

4. 砌筑基础应选用（　　）。

A. 混合砂浆　　B. 石灰砂浆　　C. 水泥砂浆　　D. 纸筋灰浆

5. 抹面砂浆通常分三层施工，底层主要起（　　）作用。

A. 黏结　　B. 找平　　C. 装饰　　D. 保温隔热

6. 下述指标中，哪一个是用来表示砂浆保水性的？（　　）

A. 坍落度　　B. 沉入度　　C. 分层度　　D. 针入度

7. 砂浆的保水性用（　　）来表示。

A. 坍落度　　B. 沉入度　　C. 维勃度　　D. 分层度

8. 水泥胶砂强度检测时，水泥与标准砂的比例为（　　）。

A. 1∶2.0　　B. 1∶2.5　　C. 1∶3.0　　D. 1∶3.5

9. 砌筑多孔材料的砂浆强度主要取决于（　　）。

A. 水灰比与水泥强度等级　　B. 水灰比与水泥用量

C. 用水量与水泥强度等级　　D. 水泥用量与水泥强度等级

10. 评定砌筑砂浆强度等级的标准试件尺寸是（　　）。

A. 70.7mm×70.7mm×70.7mm　　B. 100mm×100mm×100mm

C. 150mm×150mm×150mm　　D. 200mm×200mm×200mm

（五）多项选择题

1. 砌筑砂浆的技术性质包括（　　）。

A. 流动性　　B. 保水性　　C. 强度

D. 黏结力　　E. 抗蚀性

2. 砌筑砂浆实验室检验项目包括（　　）。

A. 抗压强度　　B. 密度　　C. 稠度

D. 分层度　　E. 沉入度

3. 由（　　），按一定比例混合制成的干混合物，称为干拌砂浆。

A. 水泥　　B. 钙质消石灰粉　　C. 砂

D. 掺和料　　E. 外加剂

4. 抹灰砂浆对建筑物可以起到（　　）作用。

A. 保护　　B. 增加耐久性　　C. 表面平整

D. 光洁美观　　E. 增加强度

5. 用于吸水基层（如黏土砖）的砂浆，其强度主要取决于（　　）。

A. 水泥强度　　B. 水泥浆稠度　　C. 用水量

D. 水泥用量　　　　　E. 水灰比

（六）简答题

1. 测定砂浆稠度有何意义？根据什么选择适宜的砂浆稠度？

答：

2. 测定砂浆保水性有何意义？砌筑砂浆的分层度应为多少？

答：

3. 砌筑砂浆的强度等级如何确定？有哪几个强度等级？

答：

4. 何谓干拌砂浆？对其运输、储存应注意哪些事项？

答：

（七）计算题

1. 设计用于砌筑砖墙的 M7.5 等级，稠度为 70～90mm 的水泥石灰砂浆的配合比。现场施工水平优良，采用 32.5 级普通水泥，干砂，堆积密度为 1450kg/m^3，含水率为

4%，石灰膏稠度为120mm。

解：

2. 将1∶1∶4抹灰砂浆（体积比）换算成质量比。

已知：强度等级为42.5的普通硅酸盐水泥，堆积密度为1300kg/m^3；

石灰膏的堆积密度为1350kg/m^3；

砂的表观密度为2650kg/m^3，堆积密度为1450kg/m^3。

解：

第六章　墙体材料

一、学习要求

知识要点	能力目标	相关知识	权重	自测分数
砌墙砖	掌握烧结砖的质量等级、技术要求以及质量测定方法	烧结砖、非烧结砖	0.4	
墙用砌块	掌握常用砌块的特性和应用	蒸压加气混凝土砌块、蒸养粉煤灰砌块、普通混凝土小型空心砌块、轻骨料混凝土小型空心砌块、混凝土中型空心砌块、企口空心混凝土砌块	0.2	
墙用板材	掌握常用墙用板材的特性和应用	水泥类墙用板材、石膏类墙用板材、植物纤维类墙用板材、复合墙板	0.2	
屋面材料	了解新型屋面材料的特性及应用	屋面瓦材、屋面用轻型板材	0.2	

【提示】学习本章内容时，应多收集一些新型节能利废的墙体及屋面材料。

二、技能要求

1. 具备合理选用墙体材料、屋面材料的技能；
2. 具备砖材主要指标的检测及抽样技能。

三、经典例题

【例题 6-1】 试解释制成红砖与青砖的原理。

答：焙烧是制砖最重要的环节。当砖坯在氧化焰中烧成出窑，砖中的铁质形成了红色的 Fe_2O_3，则制得红砖。若砖坯在氧化焰中烧成后，再经浇水闷窑，使窑内形成还原焰，促使砖内的红色高阶氧化铁（Fe_2O_3）还原成青灰色的低价氧化铁（FeO），即制得青砖。

【评注】在建筑工地上，经常会遇见红砖和青砖，作为施工技术人员有必要搞清它们形成的原理。

【例题 6-2】 如何识别欠火砖和过火砖？

答：烧结砖的形成是砖坯经高温焙烧，使部分物质熔融，冷凝后将未经熔融的颗粒黏结在一起成为整体。当焙烧温度不足时，熔融物太少，难以充满砖体内部，黏结不牢，这种砖称为欠火砖。欠火砖，低温下焙烧，黏土颗粒间熔融物少，孔隙率大、强度低、吸水率大、耐久性差；过火砖由于烧成温度过高，产生软化变形，造成外形尺寸极不规整。欠火砖色浅、敲击时声哑，过火砖色较深、敲击时声清脆。

【评注】在施工过程中，需要用简单可行的方法去识别过火砖和欠火砖，以便把它们剔除。

【例题 6-3】 某烧结普通砖试验，10 块砖样的抗压强度值分别为：14.2、21.1、9.5、22.9、13.3、18.8、18.2、18.2、19.8、19.8（单位：MPa），试确定该砖的强度等级。

解：10 块试样的抗压强度平均值为：

$$\overline{f}=\frac{14.2+21.1+9.5+22.9+13.3+18.8+18.2+18.2+19.8+19.8}{10}=17.6(\text{MPa})$$

计算标准差 S：

$$S=\sqrt{\frac{1}{9}\sum_{i=1}^{10}(f_i-\overline{f})^2}$$

将单块试样抗压强度测定值 f_i 及 $\overline{f}$ 代入求得

$$S=4.05\text{MPa}$$

计算强度变异系数 $\delta=\dfrac{S}{\overline{f}}=\dfrac{4.05}{17.6}=0.23$

因变异系数 $\delta=0.23>0.21$

单块最小抗压强度值 $f_{\min}=9.5>7.5$

查表 GB 5101—2003 得该砖的强度等级为 MU10。

【评注】砖的强度等级评定、外观评定是一个施工技术人员在进行材料进场验收时应该掌握的技能。

四、习题练习

（一）名词解释题

1. 混凝土砌块：

2. 实心砖：

3. 多孔砖：

4. 空心砖：

（二）填空题

1. 普通黏土砖的公称尺寸是________×________×________；100m^3 砖砌体需用砖__________块。

2. 红砖在用水泥砂浆砌筑施工前，一定要进行浇水湿润，其目的是__________。

3. 烧结普通砖的强度等级是根据______________划分的。

4. 欠火砖的强度和____________________差。

5. 过火砖与欠火砖相比，抗压强度________，表观密度________，颜色________。

6. 墙体是建筑构成的主要部分之一，它的主要作用是__________和__________。

7. 一般情况下，实心砖的孔洞率__________；烧结多孔砖的孔洞率__________；烧结空心砖的孔洞率______________。

(三) 判断题（正确的画“√”，错误的画“×”）

1. 烧结普通砖中允许有不超过10%的欠火砖、酥砖和螺旋纹砖。 (　　)

2. 混凝土预制大板属于墙体材料。 (　　)

3. 泛霜是指黏土原料中的可溶性盐类，随砖内水分蒸发而沉积于砖的表面，形成的白色粉状物，所以烧结普通砖中不允许出现泛霜。 (　　)

4. 加气混凝土砌块是以钙质材料、硅质材料为基料，加入铝粉作为发气剂，经搅拌、发气、成型、切割、蒸养等工艺制成的多孔结构的墙体材料。 (　　)

5. 烧结空心砖可用于非承重墙、基础墙和隔墙。 (　　)

(四) 单项选择题

1. 240mm 厚的实心墙每 $1m^3$ 需用砖（　　）块。

A. 64　　B. 512　　C. 128　　D. 256

2. 烧结普通砖的大面是指（　　）面。

A. 240×115　　B. 240×53　　C. 53×115　　D. A+C

3. 烧结普通砖的丁面是指（　　）面。

A. 240×115　　B. 240×53　　C. 53×115　　D. A+C

4. 烧结普通砖的条面是指（　　）面。

A. 240×115　　B. 240×53　　C. 53×115　　D. A+C

5. 变异系数不小于0.21时，烧结普通砖的强度等级是按（　　）来评定的。

A. 抗压强度及抗折荷载　　B. 大面及条面抗压强度

C. 抗压强度平均值及单块最小值　　D. 抗压强度平均值及抗压强度标准值

6. 变异系数大于0.21时，烧结普通砖的强度等级是按（　　）来评定的。

A. 抗压强度及抗折荷载　　B. 大面及条面抗压强度

C. 抗压强度平均值及单块最小值　　D. 抗压强度平均值及抗压强度标准值

7. 红砖是在（　　）条件下烧成的。

A. 氧化焰　　B. 先还原焰后氧化焰

C. 还原焰　　D. 先氧化焰后还原焰

(五) 多项选择题

1. 下列哪些材料在使用前应预先润湿处理？（　　）

A. 大理石　　B. 花岗岩　　C. 墙地砖　　D. 烧结多孔砖　　E. 烧结普通砖

2. 烧结空心砖的规格有（　　）。

A. 290mm×190mm×90mm　　B. 290mm×140mm×90mm

C. 240mm×180mm×115mm　　D. 240mm×175mm×115mm

E. 300mm×200mm×100mm

(六) 简答题

1. 说明以下产品标记中字母和数字所代表的意义。

（1）烧结多孔砖 M-15B-GB 13544
答：

（2）烧结普通砖　N-MU25-A-GB/T5101
答：

2. 请说明烧结普通砖如何进行材料取样及必检项目有哪些？
答：

3. 烧结黏土砖在砌筑施工前为什么一定要浇水润湿？
解：

（七）计算题

采用烧结普通砖进行强度测试，测得抗压强度分别为：25.7MPa、28MPa、24.5MPa、29MPa、27.8MPa、33MPa、28.5MPa、32MPa、29.2MPa、31MPa，评定该烧结普通砖的强度等级。

第七章　建筑钢材

一、学习要求

知识要点	能力目标	相关知识	权重	自测分数
建筑钢材的基本知识	了解钢的冶炼及分类方法	钢的冶炼、钢的分类	0.1	
建筑钢材的主要性能	掌握钢材力学性能、工艺性能及钢材的成分、组织结构、制作对技术性能的影响	抗拉性能、冷弯性能、冲击韧性、硬度、钢的化学成分对钢材性能的影响	0.5	
建筑钢材的标准与选用	了解各品种钢材的特性及其正确合理的应用方法；掌握如何经济合理地利用钢材	钢结构用钢材、钢筋混凝土用钢材、钢材的选用原则	0.3	
钢材的锈蚀及防止	掌握钢材锈蚀的防止措施	钢材的锈蚀、锈蚀的防止	0.1	

【提示】钢材是建筑工程中用量较大、且成本较高的材料，所以在学习本章内容时，应多收集一些新型合金钢材，以取得良好的技术经济效果。

二、技能要求

1. 具备根据建筑工程受力性能的不同，合理选用钢材的技能；
2. 具备钢材主要指标的检测及抽样技能。

三、经典例题

【例题 7-1】 从一批钢筋中抽样，并截取两根钢筋做拉伸试验，测得如下结果：屈服下限荷载分别为 42.2kN、42.8kN；抗拉极限荷载分别为 62.0kN、63.4kN，钢筋公称直径为 12mm，标距为 60mm，拉断时长度分别为 70.6mm 和 71.4mm，试计算它们的屈服强度、极限强度和伸长率？评定其级别？说明其利用率及使用中安全可靠程度如何。

解：(1) 钢筋试样屈服点

$$\sigma_{s1}=\frac{P}{A}=\frac{42.2\times10^3}{\pi\times6^2}=373\ (\mathrm{MPa})$$

$$\sigma_{s2}=\frac{P}{A}=\frac{42.8\times10^3}{\pi\times6^2}=379\ (\mathrm{MPa})$$

$$\sigma_s=\frac{373+379}{2}=376\ (\mathrm{MPa})$$

(2) 钢筋试样抗拉强度

$$\sigma_{b1}=\frac{P}{A}=\frac{62.0\times10^3}{\pi\times6^2}=548\ (\mathrm{MPa})$$

$$\sigma_{b2}=\frac{P}{A}=\frac{63.4\times10^3}{\pi\times6^2}=561\ (\mathrm{MPa})$$

$$\sigma_b=\frac{548+561}{2}=555\ (\text{MPa})$$

（3）钢筋试样伸长率

$$\delta_1=\frac{70.6-60}{60}\times100\%=17.7\%$$

$$\delta_2=\frac{71.4-60}{60}\times100\%=19\%$$

$$\delta=\frac{17.7\%+19\%}{2}=18.4\%$$

（4）确定钢筋级别

查表知 σ_{s1}、σ_{s2} 均大于 335N/mm^2

σ_{b1}、σ_{b2} 均大于 490N/mm^2

钢筋试样伸长率均大于 16%

所以该钢筋为Ⅱ级钢。

（5）钢筋的屈服比

$$\sigma_s/\sigma_b=376/555=0.68$$

该Ⅱ级钢筋的屈强比在 0.60～0.75 范围内，表明其利用率较高，使用中安全可靠度较好。

四、习题练习

（一）名词解释题

1. 建筑钢材：

2. 屈强比：

3. 脆性临界温度：

4. 弹性模量：

（二）填空题

1. 含硫的钢材在焊接时易产生________________________。

2. 牌号为 Q 235-B · b 的钢，其性能________于牌号为 Q235-A · F 钢。

3. 钢材的冲击韧性随温度的下降而降低，当环境温度降至________时，钢材冲击韧性 α_k 值________，这时钢材呈________性。

4. 结构设计时，软钢以____________作为设计取值的依据。

5. 结构设计时，硬钢以________________________作为设计取值的依据。

6. 钢筋冷加工后，可获得____________、________的效果。

7. 钢中磷的主要危害是____________，硫的主要危害是__________________。

8. 建筑钢材随着含碳量的增加，其伸长率______，冲击韧性______，冷弯性能______，硬度______，可焊性______。

9. 钢筋混凝土结构用热轧钢筋按强度大小分为____________个等级，其中____________级钢筋为光圆钢筋。

（三）判断题（正确的画“√”，错误的画“×”）

1. 钢筋冷拉加工后，强度提高，塑性和韧性降低。（　　）

2. 钢材的抗拉强度是工程结构设计时取值的依据。（　　）

3. 钢筋混凝土构件工作时，一般不依靠其抗拉强度，故抗拉强度对结构安全没有多少实际意义。（　　）

4. 同一种钢材短试件伸长率大，所以短试件比长试件钢材的塑性好。（　　）

5. 钢筋经冷拉时效处理后，其机械性能得到全面提高。（　　）

6. 钢材屈强比越大，其结构的安全度越高。（　　）

7. 普通碳素钢 Q235-A・F 比 Q235-B 级钢的钢质差。（　　）

8. 对于同一钢材，其 σ_5 大于 σ_{10}。（　　）

9. 钢材的屈服强度是结构设计的取值依据。（　　）

10. 钢材的冷加工是指钢材在低温下的加工方法，包括冷拉、冷拔、冷轧等。（　　）

11. 刻痕钢丝是指在生产钢丝的过程中，沿钢丝的长度方向在表面辊压刻痕而成，因此容易造成应力集中，所以刻痕钢丝的抗拉强度比一般钢丝的抗拉强度低。（　　）

（四）单项选择题

1. 钢材受力超过屈服点工作时可靠性越大，说明钢材的（　　）。

A. 屈服点越小　　B. 屈强比越大　　C. 屈强比越小　　D. 屈服点越大

2. 同一种钢材的短试件伸长率（　　）长试件的伸长率。

A. 大于　　B. 小于　　C. 等于　　D. B+C

3. 钢筋经冷拉时效处理后，其机械性能得到（　　）。

A. 提高　　B. 部分提高，部分降低　　C. 不变　　D. 降低

4. 沸腾钢是脱氧（　　）的钢材。

A. 充分　　B. 一般　　C. 不完全　　D. 完全

5. 牌号 Q235MPa 的普通碳素钢，表示其（　　）235MPa。

A. 抗压强度　　B. 屈服强度　　C. 抗拉强度　　D. 抗折强度

6. 对钢材进行冷加工的目的是为了（　　）。

A. 提高强度　　B. 提高塑性　　C. 提高硬度　　D. 降低脆性

7. 普通碳素结构钢 Q235-A 比 Q235-B 级钢的钢质（　　）。

A. 好　　B. 差　　C. 一样　　D. A+B

8. 钢材的脆性临界温度越低，其低温下的（　　）。

A. 强度越低　　B. 冲击韧性越差　　C. 强度越高　　D. 冲击韧性越好

9. 普通碳素结构钢按（　　）杂质的含量由多到少分为四级。

A. 硅、锰　　B. 磷、硫　　C. 氧、氮　　D. 硅、氧

10. 钢结构设计强度取值的依据是（ ）。

A. 弹性极限 B. 抗拉强度 C. 屈服点 D. 极限强度

11. 建筑工程中主要应用的是（ ）号钢。

A. Q195 B. Q215 C. Q235 D. Q275

12. 镇静钢是钢在冶炼过程中脱氧（ ）的钢。

A. 充分 B. 基本完全 C. 不完全 D. 不充分

13. 钢材随时间延长而表现出强度提高，塑性和冲击韧性下降，这种现象称为（ ）。

A. 钢的强化 B. 时效敏感性 C. 时效 D. 钢的冷脆

14. 钢结构设计时，对直接承受动荷载的焊接钢结构应选用牌号为（ ）的钢。

A. Q235-A·F B. Q235-B·b C. Q235-A D. Q235-D

15. 表示钢材塑性大小的指标通常采用（ ）。

A. 屈服强度 B. 抗拉强度 C. 伸长率 D. 收缩率

16. 钢筋冷拉后（ ）强度提高。

A. σ_s B. σ_s 和 σ_b C. σ_b D. σ_p

17. 钢材随着其含碳量的（ ）而强度提高，其延性和冲击韧性呈现降低。

A. 超过2%时 B. 提高 C. 不变 D. 降低

18. 钢结构设计时，软钢以（ ）强度作为设计计算取值的依据。

A. σ_p B. σ_s C. σ_b D. $\sigma_{0.2}$

19. 钢结构设计时，硬钢以（ ）强度作为设计计算取值的依据。

A. σ_p B. σ_s C. σ_b D. $\sigma_{0.2}$

20. 钢材牌号的质量等级中，表示钢材质量最好的等级是（ ）。

A. A B. B C. C D. D

21. 以下各元素哪种对钢材性能的影响是有利的?（ ）。

A. 适量 S B. 适量 P C. 适量 O D. 适量 Mn

22. 严寒地区的露天焊接钢结构，应优先选用下列钢材中的（ ）钢。

A. Q275-B·F B. Q235-C C. Q275 D. Q235-A·F

23. 钢筋经冷拉和时效处理后，其性能的变化中，以下何种说法是不正确的?（ ）

A. 屈服强度提高 B. 抗拉强度提高

C. 断后伸长率减小 D. 冲击吸收功增大

24. 建筑钢材的含碳量低于0.8%，它是由（ ）组成。

A. 奥氏体 B. 珠光体和渗碳体

C. 珠光体和铁素体 D. 珠光体和奥氏体

25. 为提高钢材的强度对钢筋进行冷拉的控制应力应（ ）。

A. 大于抗拉强度 B. 小于抗拉强度

C. 大于屈服强度，小于抗拉强度 D. 小于屈服强度

26. 经冷加工的钢材，其（ ）。

A. 强度提高，塑性提高 B. 强度提高，塑性降低

C. 强度降低，塑性降低 D. 强度降低，塑性提高

27. 若钢材的拉伸或冷弯试验不合格，则应（ ）。

A. 降级使用　　B. 双倍取样重新检验

C. 用于次要部位　　D. 判定该批钢筋不合格

28. 随着含碳量的增加，钢的（　　）。

A. 强度、硬度提高，韧性、塑性降低　B. 强度、硬度降低，韧性、塑性降低

C. 强度、硬度提高，韧性、塑性提高　D. 强度、硬度降低，韧性、塑性提高

29. 建筑钢材的屈强比越大，则其（　　）。

A. 钢材利用率越大，结构安全性越差　B. 钢材利用率小，结构安全性越差

C. 钢材利用率越大，结构安全性越高　D. 钢材利用率小，结构安全性越高

(五) 多项选择题

1. 钢筋混凝土用热轧钢筋的强度等级根据（　　）划分。

A. 冷弯　B. 抗拉强度　C. 抗压强度　D. 屈服强度　E. 伸长率

2. 工程中常用的热轧型钢有（　　）。

A. 角钢　B. 工字钢　C. 槽钢　D. 圆钢　E. 管形钢

3. 普通碳素结构钢的牌号由（　　）组成。

A. 屈服点字母　B. 屈服点数值　C. 脱氧程度

D. 质量等级　E. 抗拉强度

4. 热轧钢筋的技术要求，主要保证钢的牌号和（　　）。

A. 变形性能　B. 化学成分　C. 力学性能

D. 工艺性能　E. 耐久性

(六) 简答题

1. 碳素结构钢的牌号如何表示？为什么 Q235 号钢被广泛用于建筑工程中？试比较 Q235-A·F 和 Q235-D 在性能和应用上有什么区别？

答：

2. 何谓钢的冷加工强化及时效处理？为何钢筋经冷拉时效处理后，其强度提高更大？

答：

3. 比较碳素钢 Q235-AF、Q235-A、Q235-B 号钢，按质量由好到差排序并说明理由。

答：

4. 什么叫屈服？为什么说屈服强度是钢结构设计强度取值的依据？

答：

5. 碳素结构钢中，若含有较多的磷、硫或者氮、氧及锰、硅等元素时，对钢性能的主要影响如何？

答：

6. 钢材锈蚀的主要原因和防止方法有哪些?

答:

7. 简述影响钢材冲击韧性的主要因素。

答:

8. 简述防止钢筋混凝土结构中的钢筋发生腐蚀的至少五种措施。

答:

9. 随含碳量增加，碳素钢的性能有何变化?

答:

10. 低合金结构钢的主要用途及被广泛采用的原因。

答:

11. 简述钢材拉伸过程的四个阶段的特点。

答:

12. 指出下列字母及数字的含义

（1） Q235-A

答：

（2） Q215-B·F

答：

（3） 09MnV

答：

（4） $45Si_2MnTi$

答：

（七）计算题

1. 用 ϕ20mm 钢筋作拉伸试验，达到屈服时荷载读数为 80.92kN；达到极限时荷载读数为 122.43kN；试件标距长度为 100mm，拉断后的长度为 129mm。求钢筋的屈服强度 σ_s、抗拉极限强度 σ_b 和伸长率 δ 各为多少？

解：

2. 某热轧Ⅱ级钢筋标准短试件，直径为 18mm，做拉伸试验，屈服点荷载为 95kN，拉断时荷载为 150kN，拉断后，测得试件断后标距伸长量为$\triangle l=27$mm，试求该钢筋的屈服强度、抗拉强度、断后伸长率 δ 和屈强比，并说明该钢材试件的有效利用率和安全可靠程度。

解：

第八章　木　　材

一、学习要求

知识要点	能力目标	相关知识	权重	自测分数
木材的分类及构造	了解木材的分类及构造	树木的分类、木材的构造	0.1	
木材的主要性质	了解木材的各向异性、湿胀干缩性，以及含水率对木材所有性质的重大影响	密度与表观密度、含水量、木材的湿胀干缩、木材的强度	0.6	
木材防护	掌握木材防腐防虫、防火的方法	木材防腐防虫、防火	0.1	
木材在建筑工程中的应用	了解木材在装饰工程中的主要用途、木材的综合利用途径和节约使用木材的重大意义	木材的种类与规格、木材的综合利用	0.2	

【提示】木材是传统的三材之一，木材的构造决定了木材的性质。只有正确认识木材的特点，掌握木材的工程性能，才可在选材、制材和施工中做到物尽其用，扬长避短。在学习过程中注意收集木材的替代品。

二、技能要求

1. 具备根据建筑工程部位的不同，合理选用木材的技能；

2. 具备木材防护的技能。

三、经典例题

【例题 8-1】　木材在吸湿或干燥过程中，体积变化有何规律？

答：干燥木材吸湿，含水率增加，木材出现湿胀。当达到纤维饱和点后再继续吸湿，其体积不变。湿木材在干燥脱水过程中，自由水脱出时（含水率大于纤维饱和点时）木材不变形。若继续干燥，含水率小于纤维饱和点时，随着脱水，木材出现干缩。

当木材的含水率在纤维饱和点以下时，随含水率降低，即吸附水减少，细胞壁趋于紧密，木材出现干缩。

【评注】木材在使用过程中经常会开裂，也就是体积发生了变化，所以在使用过程中应注意控制含水量的变化。

【例题 8-2】　试说明木材腐朽的原因。有哪些方法可以防止木材腐朽？并说明其原理。

答：木材腐朽的原因是木材为真菌侵害所致。真菌中的腐朽菌寄生在木材的细胞壁中，它能分泌出一种酵素，把细胞壁物质分解成简单的养分，供自身摄取生存，从而致使木材产生腐朽，并遭彻底破坏。

真菌在木材中生存和繁殖必须具备三个条件，即：适量的水分、空气（氧气）和适宜的温度。防止木材腐朽的措施主要是抑制和破坏腐朽菌生存和繁殖的条件。通常防止木材腐朽的措施有以下两种。

（1）破坏真菌生存的条件　破坏真菌生存条件最常用的办法是：使木结构、木制品和储存的木材处于经常保持通风干燥的状态，并对木结构和木制品表面进行油漆处理，油漆涂层既使木材隔绝了空气，又隔绝了水分。

（2）利用化学防腐剂处理，把木材变成有毒的物质　将化学防腐剂注入木材中，使真菌无法寄生。木材防腐剂有氯化锌、氟化钠、硅氟酸钠、煤焦油、煤沥青等。

【评注】木材在使用以后，容易腐朽，作为一个施工技术人员应知晓如何避免或延缓木材的腐朽。

四、习题练习

（一）名词解释题

1. 自由水：

2. 吸附水：

3. 纤维饱和点：

4. 平衡含水率：

5. 标准含水率：

6. 持久强度

（二）填空题

1. 当木材含水量在纤维饱和点以下时，水分增加，强度________，水分减少，强度________；当木材含水量在纤维饱和点以上变化时，水分增加，强度________，水分减少，强度________。

2. 新伐木材，在干燥过程中，当含水率大于纤维饱和点时，木材的体积________，若继续干燥，当含水率小于纤维饱和点时木材的体积________。

3. 木材干燥时，首先是________蒸发，而后是________蒸发。

4. 木材周围空气的相对湿度为________时，木材的平衡含水率等于纤维饱和点。

5. 木材由树木砍伐后加工而成，树木可分为________和________两大类。

（三）单项选择题

1. 导致木材物理力学性质发生改变的临界含水率为（　　）。

A. 最大含水率　B. 平衡含水率　C. 纤维饱和点　D. 最小含水率

2. 木材的下列强度中，最大的是（　）。

A. 顺纹抗压　B. 横纹抗压　C. 顺纹抗拉　D. 横纹抗拉

3. 木材加工使用前须预先将木材干燥至含水率达（　）。

A. 标准含水率　B. 纤维饱和点　C. 平衡含水率　D. 零

4. 当木材的含水率在纤维饱和点以下减少时，其强度随含水率降低而（　）。

A. 增大　B. 减小　C. 不变　D. B+C

5. 木材中（　）发生变化，木材的物理力学性质产生不同程度的改变。

A. 自由水　B. 吸附水　C. 结合水　D. 游离水

6. 木材含水率在纤维和点以下改变时，产生的变形与含水率（　）。

A. 不成比例地减少　B. 不成比例地增长

C. 成反比　D. 成正比

7. 木节使木材的（　）强度显著降低。

A. 顺纹抗压　B. 横纹抗压　C. 顺纹抗拉　D. 横纹剪切

8. 当木材的含水率大于纤维和点时，随含水率的增加，木材的（　）。

A. 强度降低，体积膨胀　B. 强度降低，体积不变

C. 强度降低，体积收缩　D. 强度不变，体积不变

9. 木材在低于纤维和点的情况下干燥时，各方面的收缩值为（　）。

A. 纵向>径向>弦向　B. 径向>弦向>纵向

C. 纵向>弦向>径向　D. 弦向>径向>纵向

（四）多项选择题

1. 木材中的水分有（　）。

A. 自由水　B. 吸附水　C. 结合水　D. 游离水　E. 蒸养水

2. 木材的腐朽主要由真菌引起。而真菌生存必须具备如下条件（　）。

A. 水分　B. 温度　C. 空气　D. 土壤　E. 阳光

（五）简答题

1. 纤维饱和点对木材的物理、力学性质有何影响？

答：

2. 简述影响木材强度的因素。

答：

3. 简述木材腐蚀的原因和防腐措施。

答：

4. 请列举出建筑工程中五种以上常用的人造木材。

答：

（六）计算题

一块松木试件长期置于相对湿度为60%、温度为20℃的空气中，其平衡含水率为12.8%，测得顺纹抗压强度为49.4MPa，问此木材在标准含水率情况下抗压强度为多少？

解：

第九章 建筑功能材料

一、学习要求

知识要点	能力目标	相关知识	权重	自测分数
建筑塑料	掌握塑料的基本组成、品种、性能、特点及其在建筑工程中的应用	塑料的主要特性、塑料的组成、塑料的分类、常用的建筑塑料及制品	0.1	
建筑涂料	掌握涂料的基本组成、品种、性能、特点及其在建筑工程中的应用	涂料的组成、涂料的分类、常用的建筑涂料	0.05	
胶黏剂	掌握胶黏剂的基本组成、品种、性能、特点及其在建筑工程中的应用	胶黏剂的组成、胶黏剂的分类、影响胶结强度的因素、常用胶黏剂	0.05	
沥青	了解沥青的组成、特性、应用范围	石油沥青、煤沥青、改性沥青	0.5	
防水卷材	了解防水卷材的组成、特性、应用范围	沥青防水卷材、改性沥青防水卷材、合成高分子防水卷材	0.2	
防水涂料	了解防水涂料的组成、特性、应用范围	沥青防水涂料、高聚物改性沥青防水涂料	0.1	

【提示】塑料、沥青等材料，不断有新型材料出现，所以在学习本章内容时，应多收集相关新型材料的规格、使用注意事项等。

二、技能要求

1. 具备检测沥青各项性能的技能；

2. 具备配制沥青胶、冷底子油和建筑防水沥青嵌缝油膏的技能。

三、经典例题

【例题 9-1】 某工地需要使用软化点为85℃的石油沥青 5t，现有 10 号石油沥青 3.5t，30 号石油沥青 1t 和 60 号石油沥青 3t。试通过计算确定出三种牌号沥青各需用多少吨？

解 由 GB/T 494—1998 知

10 号石油沥青的软化点为 95℃

30 号石油沥青的软化点为 70℃

60 号石油沥青的软化点为 50℃

(1) 10 号石油沥青和 30 号石油沥青掺配

30 号石油沥青掺量为

$$Q_1 \frac{T_2-T}{T_2-T_1}\times 100\%=\frac{95-85}{95-70}\times 100\%=40\%$$

10 号石油沥青掺量为

$$Q_2=100\%-Q_1=100\%-40\%=60\%$$

设掺配 1t30 号石油沥青，需 x_1t10 号石油沥青，$60\%\times x_1=40\%\times 1$，故

$$x_1=0.67\text{t}$$

则用30号石油沥青1t和10号石油沥青0.67t，可配制1.67t软化点为85℃的石油沥青。尚需要用10号石油沥青和60号石油沥青配制5－1.67＝3.33（t）软化点为85℃的石油沥青。

（2）10号石油沥青和60号石油沥青掺配

60号石油沥青掺量为

$$Q_1=\frac{T_2-T}{T_2-T_1}\times100\%=\frac{95-85}{95-50}\times100\%=22.2\%$$

10号石油沥青掺量为

$$Q_2=100\%-Q_1==100\%-22.2\%=77.8\%$$

则配制3.33t软化点为85℃的石油沥青，

60号石油沥青需要量为：3.33×22.2%＝0.74（t）

10号石油沥青需要量为：3.33×77.8%＝2.59（t）

10号石油沥青合计需要量为：0.67＋2.59＝3.26（t）

故配制5t软化点为85℃的石油沥青，需10号石油沥青3.26t，30号石油沥青1t，60号石油沥青0.74t。

【评注】施工现场经常会遇见需用几种不同软化点的沥青来配制低软化点的沥青。

四、习题练习

（一）名词解释题

1. 温度稳定性：

2. 沥青改性技术：

3. 大气稳定性：

4. 冷底子油：

（二）填空题

1. 沥青胶是在沥青中掺入适量__________组成，其标号是以__________划分的。

2. 为了使矿物质混合料达到较高密度，其级配组成可采用__________级配。

3. 沥青的大气稳定性（即抗老化能力），用__________和__________表示。

4. 沥青中蜡的存在，在高温时使沥青________，在低温时使沥青________，使沥青的使用性能降低。

5. 高温时沥青混合料的路面结构中产生破坏主要是由于________________不足或________________过剩。

6. 用于抗滑表层沥青混合料的粗集料应符合________、________和冲击值的要求。

7. 沥青的牌号越高，则软化点越________，针入度越________，延度越________。

8. 按照树脂受热时所发生的变化不同，树脂可分为________树脂和________树脂两类，其中________树脂受热时________，冷却时________，受热时不起化学反应，经多次冷热作用，仍能保持性能不变。

9. 塑料与普通混凝土相比，________的强度大，________保温性能好。

(三) 判断题（正确画“√”，错误的画“×”）

1. 作屋面防水层时，选用的沥青的软化点应比屋面表面能达到的最高温度高。（ ）

2. 材料的吸声效果越好，其隔声效果就越好。（ ）

3. 材料的保温性能越好，其隔热效果就越好。（ ）

(四) 单项选择题

1. 石油沥青的温度敏感性用（ ）表示。

A. 软化点 B. 耐热度 C. 针入度 D. 坍落度

2. 石油沥青油毡的标号按（ ）划分的。

A. 抗拉强度 B. 油毡质量 C. 防水性 D. 原纸 $1m^2$ 的质量

3. 软化点越高的沥青，则其温度敏感性越（ ）。

A. 小 B. 大 C. 一般 D. B+C

4. 石油沥青中地沥青质含量较少，油分和树脂含量较多时，所形成的胶体结构类型是（ ）。

A. 溶胶型 B. 溶凝胶型 C. 凝胶型 D. 非胶体结构类型

5. 以下哪种指标并非石油沥青的三大指标之一？（ ）

A. 针入度 B. 闪点 C. 延度 D. 软化点

6. 沥青标号是根据（ ）划分的。

A. 耐热度 B. 针入度 C. 延度 D. 软化点

7. 油分、树脂及沥青质是石油沥青的三大组分，这三种组分长期在大气中是（ ）的。

A. 固定不变 B. 慢慢挥发 C. 逐渐递变 D. 与日俱增

8. 沥青胶的标号是由（ ）来确定的。

A. 软化点 B. 耐热度 C. 延伸度 D. 抗拉强度

9. 重交通道路石油沥青是按（ ）划分标号的。

A. 软化点 B. 延度 C. 针入度 D. 含蜡量

10. 石油沥青化学组分中饱和分含量增加，沥青的（ ）。

A. 延度增加 B. 稠度降低 C. 软化点提高 D. 针入度减小

11. 为获得具有较大内摩擦角的沥青混合料，须采用（ ）集料。

A. 中粒式 B. 粗粒式 C. 细粒式 D. 相同粒径

12. 液体石油沥青的标号按（　　）划分。

A. 油分含量　B. 蒸发损失　C. 闪点　D. 黏度

13. 下列选项中，除（　　）以外均为改性沥青。

A. 氯丁橡胶沥青　B. 沥青胶　C. 煤沥青　D. 聚乙烯树脂沥青

14. 石油沥青中（　　）含量增加，能提高与集料的黏附力。

A. 油分　B. 极性物质　C. 沥青质　D. 树脂

15. 建筑石油沥青的黏性是用（　　）表示的。

A. 针入度　B. 黏滞度　C. 软化点　D. 延伸度

16. 具有密实—骨架结构的沥青混合料与其他结构的沥青混合料相比，它的黏聚力 c，内摩擦角 α 的差别为（　　）。

A. c 与 α 均较大　B. c 较大、α 较小　C. c、α 均较小　D. c 较小、α 较大

17. 下列材料中绝热性能最好的是（　　）材料。

A. 泡沫塑料　B. 泡沫混凝土　C. 泡沫玻璃　D. 中空玻璃

18. 以下涂料品种中，对环保不利的是（　　）。

A. 溶剂型涂料　B. 水溶性涂料　C. 乳胶涂料　D. 无机涂料

19. 建筑塑料中最基本的组成是（　　）。

A. 增塑剂　B. 稳定剂　C. 填充剂　D. 合成树脂

20. 建筑工程中常用的 PVC 塑料是指（　　）。

A. 聚乙烯塑料　B. 聚氯乙烯塑料　C. 酚醛塑料　D. 聚苯乙烯塑料

21. SBS 改性沥青防水卷材以（　　）评定标号。

A. 抗压强度　B. 抗拉强度

C. $10m^2$ 标称质量（kg）　D. 每 $1m^2$ 标称质量（g）

22. 沥青混合料路面在低温时产生破坏，主要是由于（　　）。

A. 抗拉强度不足或变形能力较差　B. 抗剪强度不足

C. 抗压强度不足　D. 抗弯强度不足

23. 提高沥青混合料路面的抗滑性，要特别注意沥青混合料中的（　　）。

A. 沥青用量　B. 粗集料的耐磨光性能

C. 沥青稠度　D. 集料的化学性能

24. 石油沥青油毡和油纸的标号是以（　　）来划分的。

A. 油毡、油纸的耐热温度（℃）

B. 油毡、油纸的抗拉强度（MPa）

C. 油毡、油纸的单位重量（kg/m^2）

D. 油毡、油纸的纸胎原纸的单位重量（g/m^2）

25.（　　）说明石油沥青的大气稳定性愈高。

A. 蒸发损失愈小和蒸发后针入度比愈大

B. 蒸发损失和蒸发后针入度比愈大

C. 蒸发损失和蒸发后针入度比愈小

D. 蒸发损失愈大和蒸发后针入度比愈小

26. 石油沥青的牌号越低，其（　　）。

A. 黏性越强，塑性越小，温度稳定性越好

B. 黏性越强，塑性越小，温度稳定性越差

C. 黏性越强，塑性越大，温度稳定性越差

D. 黏性越弱，塑性越大，温度稳定性越差

（五）多项选择题

1. 石油沥青的牌号主要根据（　　）划分确定。

A. 延度　　B. 针入度　　C. 坍落度

D. 沉入度　　E. 软化点

2. 合成高分子防水卷材与沥青防水材料比较具有（　　）等诸多优点。

A. 寿命长　　B. 强度高　　C. 技术性能好

D. 冷施工　　E. 污染低

3. 石油沥青的性质主要包括（　　）等，它们是评价沥青质量好坏的主要依据。

A. 黏滞性　　B. 塑性　　C. 温度稳定性

D. 大气稳定性　　E. 耐久性

4. 影响材料导热系数的因素有（　　）。

A. 材料的组分　　B. 热流方向　　C. 湿度

D. 温度　　E. 表观密度与孔隙特征

5. 选用道路沥青的牌号主要根据（　　）等按有关标准选用。

A. 地区气候条件　　B. 施工季节气温　　C. 路面类型

D. 施工方法　　E. 道路的坡度

（六）简答题

1. 某工地运来两种外观相似的沥青，已知其中有一种是煤沥青，为了不造成错用，请用两种以上方法进行鉴别。

答：

2. 组分变化对沥青的性质将产生什么样的影响？

答：

3．石油沥青的成分主要有哪几种？各有何作用？

答：

4．石油沥青的老化与组分有何关系？沥青老化过程中性质发生哪些变化？沥青老化对工程有何影响？

答：

5．热塑性树脂与热固性树脂有何区别？

答：

6. 石油沥青的牌号如何确定？牌号与沥青性能之间的关系如何？

答：

7. 石油沥青的主要技术性质是哪些？各用什么指标表示？

答：

8. 简述影响沥青混合料耐久性的因素及表征指标。

答：

9. 塑料的主要组成有哪些？其作用如何？

答：

（七）计算题

今有软化点分别为95℃和25℃的两种石油沥青，某工程的屋面防水要求使用软化点为75℃的石油沥青，问应如何配制？

第十章　建筑装饰材料

一、学习要求

知识要点	能力目标	相关知识	权重	自测分数
概述	了解装饰材料的定义、分类、基本性能，掌握其选用原则	建筑装饰材料的定义与分类、在建筑工程中的应用、基本性能，装饰材料的选用原则	0.1	
建筑装饰用面砖	了解面砖的规格、特性、用途	陶瓷类装饰面砖、玻璃类装饰面砖、地面用装饰砖	0.3	
建筑装饰用板材	了解装饰板材的规格、特性、用途	金属材料类装饰板材、有机材料类装饰板材、无机材料类装饰板材、建筑用轻钢龙骨	0.3	
卷材类装饰材料	了解卷材类装饰材料的规格、特性、用途	卷材类地面装饰材料、卷材类墙面装饰材料	0.2	
建筑玻璃	了解玻璃的规格、特性、用途	平板玻璃、安全玻璃、绝热玻璃、玻璃制品	0.1	

【提示】装饰材料发展非常快，品种繁多，产品质量参差不齐，且价格较为昂贵，所以，在学习本章内容时，应多深入装饰材料市场去调研和仔细了解各类装饰材料的质量、性能、规格和用途。

二、技能要求

具备知晓各种常见装饰材料规格及用途的技能。

三、习题练习

简答题

1. 试述大理石、花岗石、石灰石的性质和用途。各有哪些不同？

答：

2. 为什么大理石不宜用在室外？

答：

3. 人造石材和天然石材的特性有何不同？使用上有何区别？

答：

4. 常用的隔声措施有哪些？

答：

5. 为什么釉面砖只能用于室内，而不能用于室外？

答：

6. 怎样区分釉面砖与外墙贴面砖？

答：

第十一章　模拟试题

建筑材料模拟试题 1

一、名词解释题（共 4 题，每题 5 分）

1. 屈强比

2. 混凝土的弹性模量

3. 建筑钢材

4. 混凝土和易性

二、填空题（共 30 空，每空 0.5 分）

1. 石油沥青的组分__________、__________、__________。

2. 石油沥青的技术性质主要有____________、____________、____________、____________等四个方面。

3. 建筑钢材的工艺性能包括____________、____________、____________等三个方面。

4. 材料的吸水性用________表示，吸湿性用________表示。

5. 随含水率增加，多孔材料的密度__________，导热系数__________。

6. 测定混凝土和易性时，常用____________表示流动性，同时还要观察____________和____________。

7. 抗渗性和抗冻性要求都高的混凝土工程，宜选用______水泥。

8. 干硬性混凝土的流动性以______表示。

9. 砂浆的流动性以______表示，保水性以______来表示。

10. 冷拉并时效处理钢材的目的是________和________。

11. 冷弯性能不合格的钢筋，表示其____________较差。

12. 钢材的“三冷”操作是指__________、__________、__________。

13. 冷底子油是指在石油沥青中加入__________、__________或__________溶合而成的沥青溶液。

三、单项选择题（共15题，每题2分）

1. 石灰的硬化过程（　　）进行。

A. 在水中　B. 在空气中　C. 在潮湿环境　D. 既在水中又在空气中

2. 亲水性材料的润湿角 θ（　　）。

A. ≤45°　B. ≤90　C. >90°　D. >45°

3. 有一块湿砖重2625g，含水率为5%，烘干至恒重，该砖重为（　　）。

A. 2493.75　B. 2495.24　C. 2500　D. 2502.3

4. 普通水泥体积安定性不良的原因之一是（　　）。

A. 养护温度太高　B. C_3A 含量高　C. 石膏掺量过多　D. A+B

5. 材料在绝对密实状态下的体积为 V，开口孔隙体积为 V_K,闭口孔隙体积为 V_B，材料在干燥状态下的质量为 m，则材料的表观密度为 ρ_0（　　）。

A. m/V　B. $m/(V+V_K)$

C. $m/(V+V_K+V_B)$　D. $m/(V+V_B)$

6. 经常位于水中或受潮严重的重要结构物的材料，其软化系数不宜小于（　　）。

A. 0.75　B. 0.80　C. 0.85　D. 0.90

7. 砌筑砂浆的强度主要取决于（　　）。

A. 水灰比与水泥标号　B. 水灰比与水泥用量

C. 用水量与水泥标号　D. 水泥用量与水泥标号

8. 红砖是在（　　）条件下烧成的。

A. 氧化焰　B. 还原焰　C. 先氧化焰后还原焰　D. B+A

9. 建筑中主要应用的是（　　）号钢。

A. Q195　B. Q215　C. Q235　D. Q275

10. 砌筑水泥砂浆中采用的水泥，其强度等级不宜大于32.5级，水泥用量不应小于（　　）kg/m^3。

A. 160　B. 175　C. 200　D. 265

11. 测定混凝土坍落度和工作度时，其常用的单位分别有（　　）。

A. mm、mm　B. s、mm　C. s、s　D. mm、s

12. 型钢常用的连接方法有（　　）。

A. 套筒　B. 铆钉连接　C. 绑扎连接　D. 拉结连接

13. 施工所需的混凝土拌和物坍落度的大小主要由（　　）来选取。

A. 水灰比和砂率

B. 水灰比和捣实方式

C. 骨料的性质、最大粒径和级配

D. 构件的截面尺寸大小，钢筋疏密，捣实方式

14. 用煮沸法检验水泥安定性，只能检查出由（　　）所引起的安定性不良。

A. 游离CaO　B. 游离MgO　C. A+B　D. SO_3

15. 密度是指材料在（　　　）单位体积的质量。

A. 自然状态　　B. 绝对体积近似值

C. 绝对密实状态　　D. 松散状态

四、简答题（共 15 分）

1. 350 号石油沥青纸胎防水卷材表示什么意义？（2 分）

2. 说明低碳钢受拉变形时每个阶段的名称、受拉特征和指标。（8 分）

3. 说明下列钢材牌号的含义：Q235-A・F、Q235-B、Q215-B・b（5 分）

五、计算题（共 20 分）

1. 某混凝土采用下列参数：$W/C=0.47$，$W=175\text{kg/m}^3$，$\rho_c=3.10$，$\rho_s=2.55$，$\rho_g=2.65$，$\beta_s=0.29$，①试按体积法计算该混凝土的初步配合比？（混凝土的含气量按 1% 计）。②若调整试配时加入 10% 的水泥浆后满足和易性要求，且其拌和物的表观密度不需调整，求其基准配合比；③基准配合比经强度检验符合要求。现测得工地用砂的含水率 4%，石子含水率 1%，求施工配合比。（12 分）

2. 采用矿渣水泥、卵石和天然砂配制混凝土，水灰比为 0.5，制作 10cm×10cm×10cm 试件三块，在标准条件下养护 7d 后，测得破坏荷载分别为 162kN、167kN、170kN。试求①估算该混凝土 28d 的标准立方体抗压强度？②该混凝土采用的矿渣水泥的强度等级？（lg7＝0.8451；lg14＝1.1461；lg28＝1.4472；$\frac{f_n}{f_{28}}=\frac{\lg n}{\lg 28}$；$f=\frac{F}{A}$；$\alpha_a=0.48$；$\alpha_b=0.33$）（8 分）

建筑材料模拟试题 2

一、名词解释题（共 4 题，每题 5 分）

1. 表观密度

2. 混凝土和易性

3. 砂率

4. 混凝土

二、填空题（共 60 空，每空 0.5 分）

1. 工程中使用最多的是沥青材料是__________、__________。

2. 石油沥青的技术性质中常用针入度表示__________指标；延伸率表示__________指标；软化点表示__________指标；“针入度比”或“蒸发损失率”表示__________指标；

3. 建筑钢材的力学性能包括__________、__________、__________、__________等四个方面。

4. 活性混合材料中的主要化学成分是__________。

5. 砌筑砂浆中掺入石灰膏而制得混合砂浆，其目的是__________。

6. 混凝土标准试件的尺寸采用____________________立方体试件。若采用非标准试件其尺寸分别为______________________、______________________，其换算系数分别为________、________。

7. 牌号为 Q 235-A·F 钢，其字母和数字代表的含义为：Q ____________、235 __________、A __________、F __________。

8. 在配制混凝土时如砂率过大，拌和物要保持一定的流动性，就需要__________________。

9. 同一种材料，如孔隙率越大，则材料的强度越__________，保温性越__________，吸水率越__________。

10. 石灰膏在使用前，一般要陈伏______周以上，主要目的是______________。

11. 硅酸盐水泥熟料的主要矿物成分是______________、______________、______________、______________。

12. 砂浆试件尺寸采用____________________立方体试件。

13. 泛霜是烧结砖在使用过程中的一种____________________现象。

14. 结构设计时，软钢以______作为设计计算取值的依据。

15. 钢中磷的主要危害是______，硫的主要危害是______。

16. 沥青胶是在沥青中掺入适量______组成，其标号是以______划分的。

17. 当材料的表观密度与密度相同时，说明该材料______。

18. 石膏硬化时体积______，硬化后孔隙率______。

19. 建筑砂浆的和易性包括______和______两方面的含义。

20. 烧结普通砖的强度等级是根据______和______划分的。

21. 牌号为 Q255—B. b 的钢，其字母和数字代表的含义为：Q ______、235 ______、B ______、b ______。

22. 沥青的牌号越高，则软化点越______，使用寿命越______。

23. 低碳钢受拉的应力-应变图中经历了以下四个阶段______、______、______、______。

24. 钢材随含碳量的增加，______和______相应提高，而______和______相应降低。

25. 测定水泥抗折强度的标准试件尺寸为______。

三、单项选择题（共 10 题，每题 2 分）

1. 由于石灰浆体硬化时（　　），以及硬化强度低等缺点，所以不宜单使用。

A. 吸水性大　　B. 需水量大　　C. 体积收缩大　　D. 体积膨胀大

2. 用煮沸法检验水泥安定性，只能检查出由（　　）所引起的安定性不良。

A. 游离 CaO　　B. 游离 MgO　　C. A+B　　D. SO_3

3. 在 100g 含水率为 3%的湿砂中，其中水的质量为（　　）。

A. 3.0g　　B. 2.5g　　C. 3.3g　　D. 2.9g

4. 钢筋常用的连接方法有（　　）。

A. 螺栓连接　　B. 铆钉连接　　C. 绑扎连接　　D. 拉结连接

5. 软化系数表明材料的（　　）。

A. 抗渗性　　B. 抗冻性　　C. 耐水性　　D. 吸湿性

6. 建筑石膏凝结硬化时，最主要的特点是（　　）。

A. 体积膨胀大　　B. 体积收缩大　　C. 放出大量的热　　D. 凝结硬化快

7. 在完全水化的硅酸盐水泥中，（　　）是主要水化产物，约占 70%。

A. 水化硅酸钙凝胶　　B. 氢氧化钙晶体

C. 水化铝酸钙晶体　　D. 水化铁酸钙凝胶

8. 为提高混凝土的抗冻性，掺入加气剂，其掺入量是根据混凝土的（　　）来控制。

A. 坍落度　　B. 含气量　　C. 抗冻等级　　D. 抗渗等级

9. 某材料吸水饱和后的质量为 20kg，烘干到恒重时，质量为 16kg，则材料的（　　　）。

A. 质量吸水率为25%　　　　B. 质量吸水率为20%

C. 体积吸水率为25%　　　　D. 体积吸水率为20%

10. 纯（　　　）与水反应是很强烈的，导致水泥立即凝结，故常掺入适量石膏以便调节凝结时间。

A. C_3A　　B. C_2S　　C. C_3S　　D. C_4AF

四、简答题（共2题，每题5分）

1. 影响混凝土强度的因素有哪些？采用哪些措施可提高强度？

2. 什么是屈强比？其在工程中的实际意义是什么？

五、计算题（共 2 题，每题 10 分）

1. 已知每拌制 $1m^3$ 混凝土需要干砂 584kg，水 174kg，经实验室配合比调整计算后，砂率宜为 0.33，水灰比宜为 0.6。测得施工现场砂的含水率为 5%，石子的含水率为 2%，试计算施工配合比。

2. 已知设计要求的混凝土强度等级为 C20，水泥用量为 $280kg/m^3$，水的用量为 $195kg/m^3$，水泥为普通水泥，其强度等级为国标 32.5 级，强度富余系数为 1.13；石子为碎石，粗骨料回归系数 $\alpha_a=0.46$，$\alpha_b=0.07$。试用水灰比公式计算校核，按上述条件施工作业，混凝土强度是否有保证？为什么？（$\sigma=6.0MPa$）

第十二章　习题练习参考答案

第一章　建筑材料的基本性质

（一）名词解释题：略

（二）填空题：略

（三）判断题

1	2	3	4	5	6	7	8	9	10
×	×	√	×	√	√	×	√	×	×

（四）单项选择题

1	2	3	4	5	6	7	8	9	10	11	12	13	14	15	16
B	C	B	C	D	B	C	A	C	A	B	B	D	C	C	B
17	18	19	20	21	22	23	24	25	26	27	28	29	30	31	32
B	C	A	A	A	B	B	B	C	D	C	D	B	D	A	C

（五）多项选择题

1	2	3	4	5	6	7
ABCD	ABC	ACDE	ABCDE	ABCDE	BCD	ABCDE

（六）简答题：略

（七）计算题

1. 1.572g/cm^3

2. 476.2t，525t

3. 密度：2500kg/m^3，表观密度：1250kg/m^3，堆积密度：750kg/m^3，孔隙率：50％

4. 20

5. 质量吸水率：16％，密度：2700kg/m^3，表观密度：1710kg/m^3，孔隙率：36.7％

6. 堆积密度：1880kg/m^3，密度：2984kg/m^3，质量吸水率：20％，开口孔隙率：33.98％，闭口孔隙率：3.02％

7. 软化系数为 0.8，因为材料常与水接触部位的软化系数就为 0.85 以上，所以此砖不能用在建筑物常与水接触部位。

8. 2629kg/m^3，901g

9. 53.3m^2

第二章　气硬性无机胶凝材料

（一）名词解释题：略

（二）填空题：略

（三）判断题

1	2	3	4	5	6	7	8	9	10
×	×	√	×	√	×	√	√	×	√

（四）单项选择题

1	2	3	4	5	6	7	8	9	10
A	B	C	A	C	A	B	A	D	D
11	12	13	14	15	16	17	18	19	20
A	B	A	C	A	C	C	A	B	D

（五）多项选择题

1	2	3	4	5
BD	BE	ABD	ABDE	BD

（六）简答题：略

第三章　水　　泥

（一）名词解释题：略

（二）填空题：略

（三）判断题

1	2	3	4	5	6	7	8	9	10
√	×	√	×	×	√	√	×	×	√
11	12	13	14	15	16	17	18	19	20
×	√	×	×	×	√	√	√	×	×

（四）单项选择题

1	2	3	4	5	6	7	8	9	10	11	12	13	14	15	16	17	18
C	A	B	B	B	C	C	A	B	C	C	D	A	C	C	C	C	B
19	20	21	22	23	24	25	26	27	28	29	30	31	32	33	34	35	36
A	C	B	A	D	A	B	B	B	B	C	B	B	B	B	B	C	B

（五）多项选择题

1	2	3	4	5	6	7	8	9	10	11
AC	AC	BCE	ABCD	ABC	BDE	BCE	BC	ABCDE	ABE	ABCDE

（六）简答题：略

（七）计算题

1. 水泥细度筛余率为8%，小于10%，所以该水泥细度合格。

2. 42.5级。

第四章 普通混凝土

（一）名词解释题：略

（二）填空题：略

（三）判断题

1	2	3	4	5	6	7	8	9	10	11	12	13	14	15	16	17	18	19	20
×	×	√	√	√	×	×	√	×	√	×	×	×	√	√	×	√	×	×	×

（四）单项选择题

1	2	3	4	5	6	7	8	9	10	11	12	13	14	15	16	17	18	19	20
B	C	B	B	B	C	B	B	C	A	B	B	B	C	B	D	A	C	C	C
21	22	23	24	25	26	27	28	29	30	31	32	33	34	35	36	37	38	39	40
D	A	B	B	B	A	D	C	A	C	C	B	C	A	C	A	A	C	B	C
41	42	43	44	45	46	47	48	49	50										
C	A	D	D	C	C	B	D	D	A										

（五）多项选择题

1	2	3	4	5	6	7	8	9	10	11	12
AC	AC	ACE	ABE	BCDE	ABCDE	ACDE	ABC	BCDE	BC	BD	ABCDE

（六）简答题：略

（七）计算题

1.

筛孔尺寸/mm	4.75	2.36	1.18	0.60	0.30	0.15	0.15以下
筛余量/g	25	70	70	90	120	100	25
分计筛余/%	5	14	14	18	24	20	5
累计筛余/%	5	19	33	51	75	95	100

M_X=2.61，中砂。

2. 甲砂细度模数为2.19；乙砂细度模数为3.63；混合砂的细度模数为2.91；级配较好，有4个累计筛余率位于1区，有2个累计筛余率位于2区。

3. 28.18MPa

4. 水泥100kg；砂子203.84kg；石子386.84kg；水46.32kg

5. 32m^3 混凝土

6. （1）水泥∶砂∶石∶水=1∶1.82∶3.53∶0.56

（2）水泥∶砂∶石∶水=1∶1.89∶3.57∶0.45

7.（1）水泥297.5kg；砂654.5kg；石1249.5kg；水178.5kg

（2）水泥∶砂∶石∶水=1∶2.28∶4.24∶0.48

（3）现场混凝土的配合比将改变为水泥∶砂∶石∶水=1∶2.28∶4.24∶0.72；浇筑出的混凝土强度及耐久性将降低。

8. 该混凝土能满足C30强度要求

9. (1) 水泥∶砂∶石∶水=1∶1.94∶3.92∶0.58

(2) 水泥320kg；砂子620.8kg；石子1254.4kg；水185.6kg

10. 水泥∶砂∶石∶水=1∶1.22∶2.44∶0.37

水泥150kg；砂子183kg；石子366kg；水55.5kg

11. (1) 水泥345kg；砂子600kg；石子1228kg；水193kg

(2) 水泥327.8kg；砂子594kg；石子1215.7kg；水173.7kg

(3) 节省水泥0.946吨

12. 水泥∶砂∶石∶水=1∶2.16∶4.04∶0.34

13. 混凝土强度没有保证。因为混凝土的配制强度为29.87MPa，而混凝土28d抗压强度为20.23MPa

14. 22.9MPa

第五章　建筑砂浆

(一) 名词解释题：略

(二) 填空题：略

(三) 判断题

1	2	3	4	5
×	√	√	×	×

(四) 单项选择题

1	2	3	4	5	6	7	8	9	10
B	A	B	A	A	C	D	C	D	A

(五) 多项选择题

1	2	3	4	5
ABCD	ABDE	ABCDE	ABCD	AD

(六) 简答题：略

(七) 计算题

1. 水泥∶石灰膏∶砂∶水=1∶0.34∶5.78∶1.07

2. 水泥∶石灰膏∶砂=1∶1.04∶4.42

第六章　墙体材料

(一) 名词解释题：略

(二) 填空题：略

(三) 判断题

1	2	3	4	5
×	√	×	√	×

（四）单项选择题

1	2	3	4	5	6	7
B	A	C	B	D	C	A

（五）多项选择题

1	2
CDE	ABCD

（六）简答题：略

（七）计算题

该烧结砖的强度等级为MU25。

第七章　建筑钢材

（一）名词解释题：略

（二）填空题：略

（三）判断题

1	2	3	4	5	6	7	8	9	10	11
√	×	×	×	×	×	√	√	√	×	×

（四）单项选择题

1	2	3	4	5	6	7	8	9	10	11	12	13	14	15
C	A	B	C	B	A	B	D	B	C	C	A	C	D	C
16	17	18	19	20	21	22	23	24	25	26	27	28	29	
B	B	B	D	D	D	B	C	C	C	B	B	A	A	

（五）多项选择题

1	2	3	4
ABDE	ABCD	ABCD	BCD

（六）简答题：略

（七）计算题

1. 屈服强度为258MPa、抗拉极限强度为390MPa、伸长率为29%

2. 屈服强度：374MPa；抗拉强度：590MPa；伸长率：30%；屈强比为0.63，屈强比在0.60～0.75范围内，表明其利用率较高，使用中安全可靠度较好。

第八章　木　　材

（一）名词解释题：略

（二）填空题：略

（三）单项选择题

1	2	3	4	5	6	7	8	9
C	C	C	A	B	A	C	D	D

（四）多项选择题

1	2
ABC	ABC

（五）简答题：略

（六）计算题

44MPa

第九章　建筑功能材料

（一）名词解释题：略

（二）填空题：略

（三）判断题

1	2	3
√	×	√

（四）单项选择题

1	2	3	4	5	6	7	8	9	10	11	12	13
A	D	B	A	B	B	C	B	C	B	B	D	C
14	15	16	17	18	19	20	21	22	23	24	25	26
C	A	A	A	A	D	B	D	A	B	D	A	B

（五）多项选择题

1	2	3	4	5
ABE	ABCDE	ABCD	ABCDE	ABCD

（六）简答题：略

（七）计算题

掺配时较软石油沥青（软化点为25℃）用量为：28.6%

较硬石油沥青（软化点为95℃）用量为：71.4%

第十章　建筑装饰材料

简答题：略

第十一章　模拟试题

建筑材料模拟试题1

一、名词解释题：略

二、填空题答案：略

三、单项选择题

1	2	3	4	5	6	7	8	9	10	11	12	13	14	15
B	B	C	C	C	C	D	A	C	C	D	B	D	A	C

四、简答题：略

五、计算题

1. ① 初步配合比为：水泥∶砂∶石∶水＝1∶1.42∶3.47∶0.47

② 基准配合比为：水泥∶砂∶石∶水＝1∶1.29∶3.16∶0.47

③ 施工配合比为：水泥∶砂∶石∶水＝1∶1.34∶3.19∶0.39

2. ① 27.06MPa；232.5 级

建筑材料模拟试题 2

一、名词解释题：略

二、填空题：略

三、单项选择题

1	2	3	4	5	6	7	8	9	10
C	A	D	C	C	D	B	C	A	A

四、简答题：略

五、计算题

1. 施工配合比为：水泥∶砂∶石∶水＝1∶2.12∶4.17∶0.42

2. 因为 C20 混凝土的配制强度为 29.87MPa；而使用国标 32.5 级普通水泥所能配制出的混凝土强度为 23.07MPa，所以混凝土强度没有保证。

参考文献

[1] 王世芳．建筑材料．北京：中央广播电视大学出版社，1985.

[2] 王世芳．全国高等教育自学考试教材：建筑材料．武汉：武汉大学出版社，1992.

[3] 葛勇，张宝生．建筑材料．北京：中国建材工业出版社，1996.

[4] 葛勇，张宝生．建筑材料——概要、思考题与习题、题解．北京：中国建材工业出版社，1994.

[5] 湖南大学等．建筑材料．第3版．北京：中国建筑工业出版社，1989.

[6] 徐家保，蒋聚桂．建筑工程教学辅导丛书：建筑材料．北京：中国建筑工业出版社，1987.

[7] 王浩．建筑材料．北京：中国铁道出版社，1987.

[8] 符芳．建筑材料．南京：东南大学出版社，1995.

[9] 中国建筑科学研究院混凝土研究所．混凝土实用手册．北京：中国建筑工业出版社，1987.

[10] 李业兰．建筑材料．北京：中国建筑工业出版社，1995.

[11] 杨茂森，殷凡勤，周明月．建筑材料质量检测．北京：中国计划出版社，2000.

[12] 陈保胜．建筑装饰材料．北京：中国建筑工业出版社，1995.

[13] 张仁水．高等学校规划教材：建筑工程材料．徐州：中国矿业大学出版社，1999.

[14] 王春阳．教育部高职高专规划教材：建筑材料．北京：高等教育出版社，2000.

[15] 邱忠良，蔡飞．高等职业教育土木工程专业系列教材：建筑材料．北京：高等教育出版社，2000.

[16] 高琼英．高等专科学校房屋建筑工程专业新编系列教材：建筑材料．第3版．武汉：武汉理工大学出版社，2006.